給愛，
狗狗更好帶

國際寵物行為訓練師的7大養育指南

飲食宜忌╳著衣降溫╳狗窩籠子
運動陪伴╳情緒溝通╳行為調整╳老年照顧
汪星人的疑難雜症都有解！

Miki 謝佳蕙
——著——

CHAPTER 1

食 狗狗「放飯」學問多，食慾是健康的紅綠燈

CHAPTER 2

衣 穿衣禦寒怎麼做？真的要剃毛嗎？

CHAPTER 3

住 安心的狗窩，是穩定情緒的避風港

CHAPTER 4

行 運動有益狗狗身心健康

CHAPTER 5

育 適當的行為引導，狗狗更溫馴有禮

CHAPTER 6

樂 透過玩樂，增進人狗之間的親密關係

CHAPTER 7

顧 預防勝過治療，陪狗狗健康活到老

作者序——

認識狗而後教導狗，讓狗成爲伴而非絆

非常高興可以將多年養狗與教狗的心得集結出書，希望可以幫助更多讀者認識和理解自家的愛犬，讓彼此的關係更和諧、更融洽，飼主因此獲得更多生活樂趣，狗狗獲得更妥善的照顧。

自幼，我生長在一個有養狗的家庭；迄今，我媽媽依然是養狗一族。因此，我從小便習慣與狗狗相處，非常喜歡有狗狗相伴，一直期待在長大後，可以自己養狗。從我的成長經驗可知，一個家庭可以同時養育小孩與狗狗，飼主不必爲了養育小孩，而捨棄毛小孩。

等到我前往美國就讀大學時，終於一圓養狗夢。當時，我獨自在校園外租屋，而非住在學校宿舍，擁有可養寵物的環境；爲了養狗，我經常在寵物店流連忘返，甚至到結識的在地亞裔同學家中，幫忙餵狗、洗狗與遛狗。

約莫2年後，我在寵物店遇到一隻柯基犬，一看即認定「這是我的狗」，便下定決心買下牠，並帶牠回租屋處。留學生在異國讀書，已相當辛苦，養了狗之後，生活更加忙碌，但我甘之如飴。

飼主的時間、精力、金錢皆有限，養狗固然可以帶來諸多樂趣，但飼主也得有所犧牲，無法面面俱到。例如，在養狗之前，我每年的寒假、暑假都會飛回台灣省親；但在養狗初期，因爲這隻柯基犬還是幼犬，我不放心將牠送到寵物旅館暫住，自己一個人回國，於是便留在美國過寒、暑假，還費了一番功夫解釋，才獲得雙親的諒解。

大學畢業後，我返回台灣，也把柯基犬帶回台灣。雖然，把狗狗從美國帶回台灣，相關手續頗爲繁雜、耗時，還要搭乘貨艙內建暖氣設備的客機，以免在旅行途中，待在貨艙的狗狗凍傷，還得挑白天入境的班次，因爲負責寵物入關的人員，僅在日間值勤，如果在夜間回國，狗狗得在狗籠中，多待好幾個小時。

對我而言，狗狗如同家人，無論多麻煩、多艱難，我都要帶牠回家。從那時到現在，歷經寵物的老、病、死，現在仍飼有2隻狗、3隻貓，與1隻狐獴，更以寵物行爲訓練爲主業。

在美國時，每次我帶狗狗看獸醫時，獸醫總是建議我，應帶狗狗上行爲訓練課程；而帶著狗狗上完行爲訓練課程後，也讓我找到終生志趣與職涯方向。之後，我陸續考取英國國際犬／貓訓練師證照、國際機場緝毒犬認證證書、Amber 犬攻擊行爲課程認證等國際證照。

就業之後，我也是先到一般企業任職，但轉投與寵物相關行業的念頭，愈來愈強烈。二〇一三年起，我正式投入寵物相關產業，並在家鄉高雄市，創辦米拉寵物教室，開設寵物行爲訓練課程；那時，國人並無讓寵物上課的風氣，連家人也反對我轉行。

幸而，近年來寵物相關產業商機勃興，寵物行爲訓練課程愈來愈受飼主歡迎。目前，我開設的寵物行爲訓練課程，可分爲兩大類。第1類課程的上課者以主人爲主，但寵物必須陪同上課，課程目標爲訓練主人自主訓練寵物；第2類課程的上課者爲寵物，多爲因應廣告、電影的需求。

我曾與電影導演魏德聖及多位MV、廣告、偶像劇導演合作，影視作品中與動物有關的片段，動物看似輕鬆、自然，其實幕後的練習可能達數月之久。例如，在魏德聖導演的電影《52Hrz I Love You》，貓的鏡頭只有短短30秒鐘，訓練過程卻長達3個月。

教學10餘年後，結識數以千計的狗狗與狗主人。隨著少子化、高齡化浪潮來襲，愈來愈多人養狗爲伴，且愈來愈多飼主認知到，養狗得先認識狗，接著得好好教導狗，人與狗才能長期相安、和樂。不過，仍有衆多飼主因生活忙碌，或因其他因素，無法帶愛犬參加行爲訓練課程，所以我才發願寫書，希望協助飼主深度認識狗狗，避免錯誤的教養方式。

歸納多年的教學經驗，我發現飼主最易犯三種錯誤。一是飼主因循前人的養狗方式，飼主沿襲長輩的養狗方式，如讓狗狗吃人類的剩菜、剩飯，還振振有詞地聲稱，「以前老人家如此養狗，狗還不是活得健健康康、快快樂樂的」。二是飼主以對待人類小孩的方式來對待毛小孩，導致對毛小孩有錯誤或過高的期待，飼主、狗狗兩相痛苦。三是飼主易受道聽塗說影響，尤其是網路上種種似是而非的主張，反而將專家的專業意見置之一旁，輕則事倍功半，重則糜費甚鉅，卻毫無成效，甚至衍生副作用、反效果。

養育毛小孩與養育小孩相同之處在於，撇除遭遇特殊案例，如果先做足準備、功課，將可更快步入常軌，讓毛小孩成為快樂的泉源，而非煩惱的淵藪，是伴而不是絆。我有自信，這本書可以是飼主養育狗狗的第一本書，或是養育狗狗必備的書籍之一。

在執教寵物行為訓練課程與寫作此書的過程中，於方方面面，受到許多親友、師長、同儕、客戶、學生們的幫助，也從我所認識、接觸的人身上，聽取諸多寶貴的意見、建議，並汲取若干銘記在心的智慧、經驗，在此致上我最高的敬意與謝意。

當然，我還要感謝我曾經與現在養育的狗狗，與那些曾教導、接觸過的狗狗，牠們是我生命中的天使。而能從事寵物行為訓練一職，每天接觸形形色色的狗狗，實為人生中的最大幸事，期待這本書可造福更多狗狗，從此過著更平安、更喜樂的「狗生」！

▶ Miki 老師和澳洲牧羊犬滾滾和走走
（DOG FACE 寵物肖像工作室攝）

CHAPTER
1

食 狗狗「放飯」學問多，食慾是健康的紅綠燈

狗狗飲食小測驗

毛小孩的營養攝取，是一門很大的學問。想要狗狗健康美麗、長壽快樂，做好與狗狗飲食相關的功課必不可少。在做功課之前，請先玩一下「狗狗飲食小測驗」，再看一下得分結果如何：

○ ╳

- ❶ 主人吃的飯菜，分給狗狗吃一些，應該沒關係。
- ❷ 餵乾狗糧，比較能顧及毛孩營養均衡，偶爾搭配鮮食也不錯。
- ❸ 狗狗是肉食性動物，無肉不歡，所以只要吃肉就好。
- ❹ 選擇營養補充品時，應先諮詢專業獸醫的意見。
- ❺ 不在家時，要把飼料倒好倒滿，以免毛小孩餓著了。
- ❻ 穀物是過敏原，所以一定要選擇無穀類飼料。
- ❼ 汪星人不能吃的食物，包括巧克力、葡萄、蘋果核，以及核桃等堅果類。
- ❽ 養第二隻狗，可以讓狗狗互搶食物，吃快一點。
- ❾ 狗狗挑食或護食，都是不乖的行爲，必須要打罵、教訓一下，才不會太任性。
- ❿ 狗狗只要正確飲食，即可攝取到完整又均衡的營養素。

解答在最下方。

計分方式：答對得 1 分，答錯得 0 分。

得分：

★ **介於 8 至 10 分：**你的營養觀念很正確，懂得如何照顧毛孩健康，繼續掌握本書中所提到的重點，做個稱職的好爸媽。

★ **介於 5 至 7 分：**你很注重毛孩的飲食，但對營養還存有一些誤解，這本書能幫助你破解迷思。

★ **4 分以下：**你對毛孩營養的觀念還需要多加油，這本書可以成爲你的好幫手，讓狗狗吃得開心，也吃出健康。

飲食不只關乎毛孩的營養攝取，還會影響狗狗的身體健康與動作發展。唯有毛孩爸媽先建立正確的飲食觀念，才能讓牠們健康快樂的成長。

解答：第 1、3、5、6、8、9 題爲「X」，第 2、4、7、10 題爲「○」。

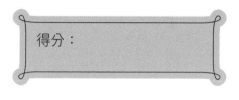

1-1 幫愛犬煮鮮食，還是餵狗糧，哪一種比較營養健康？

俗話說：「吃飯皇帝大」，吃飯乃是人生大事，當然連狗狗也不例外！對許多人而言，狗狗不但是家中的好夥伴，更是心頭上的一塊肉。因此，毛孩爸媽們總是費盡心力，想要尋找最適合毛小孩的食物，希望讓家中寶貝吃得營養又健康。

儘管幼犬、成犬、老犬需要不同的營養比例，但事實上，毛小孩不分犬齡、體型，首重的還是飲食均衡。畢竟，完整且均衡的營養，對人類健康很重要，對狗狗亦然。

飼料、罐頭、鮮食、生食的差別？

基本上，餵養狗狗，可分爲飼料、罐頭、鮮食和生食等四種方式，各有其優、缺點。選擇飼料與罐頭的優點，在於方便餵食、容易保存，而且經過實驗認可的寵物飼料及罐頭，通常都已添加了完整的營養素，可提供毛孩們每日必需營養基本量，無須再額外補充或計算營養量。

缺點是水分含量較低，占比約3%到10%[1]；澱粉含量較高，加上因口感變得更好，容易餵食過量，導致狗狗肥胖。

對居住在都市或工作較忙碌的毛孩爸媽而言，飼料和罐頭是相對容易保存且方便餵食的選擇。不過，品牌多到令人眼花撩亂，難以挑選。若要爲狗狗篩選飼料及罐頭，首先要看內容物，尤其是要檢視原料成分；其中列在前2～3項的原料，以明確動物性蛋白質爲佳，例如雞、鴨、魚、牛、羊肉等，切勿選擇印有「動物性脂肪」的字樣，因爲這種脂肪可能是來自任何一種動物，讓人無法確切掌握其來源。

其次是應避免大豆、玉米、小麥、米糠、麥麩等爲飼料的主要內容物。因大豆價位較低，雖含有植物性蛋白質，也經常作爲寵物食品中的蛋白質來源。例如，大豆製成豆腐後所剩下的豆腐渣，也常添加入狗狗的飼料中，有些狗狗吃了這種飼料後，可能出現軟便、下痢、脹氣等問題；再加上豆腐渣含有膳食纖維，能吸水膨脹，讓狗狗食用後容易有飽足感，卻反而可能發

1 Jul. 20. 2022 by Ollie Pets. Inc. American Kennel Club

生營養不良或吸收不足夠的營養成分問題。此外，飼料及罐頭也不能含有防腐劑、色素、著色劑等人工添加物。[2]

鮮食屬於半溼食，水分含量較高，約25%至35%，並看得見食材原形；缺點是較難拿捏營養比例，且需考量烹調溫度、時間，以及計算營養攝取量，以免造成營養失衡。例如，若要保留青花菜的營養成分和價值，用清蒸勝過水煮方式。

生食是最接近動物原始獵食型態，且製作過程中不會有高溫破壞營養素的問題。在國外，生食的處理方式經常是將一整隻雞打成塊狀或泥狀，肉塊或肉泥中還含有骨頭、內臟，並採直接急速冷凍殺菌，以保留完整的營養素。生食的優點是以動物性蛋白質爲主，澱粉較少，狗狗不必吃太多，即可攝取到足夠的營養素，而且還含有大量的水分，很適合不喜歡喝水的寵物，尤其是貓咪。但生食的缺點是外出攜帶不便，需要低溫保存，並注意生菌繁殖的問題。

以飼料爲主，偶爾搭配鮮食

狗狗每天進食，若未攝取到必需營養素，容易造成營養失衡問題。可是，如果每天都只吃同款的飼料和罐頭，雖然不會影響到寵物們所攝取的營養但會影響到狗兒們的情緒，所以需要

「食物豐富化」增加一些不同的口感。

根據國外研究[3]，一週以餵食飼料爲主，然後添加2～3天新鮮的食物，例如添加紅蘿蔔、地瓜、南瓜等橘色或黃色的食物（但是紅蘿蔔和南瓜都是屬於「脂容性」的食物，也不可以過量攝取造成身體負擔），可增加狗狗攝取不同營養價值的機會和來源，讓食物更加豐富化，並有效提高口感。當毛小孩吃得開心，情緒會變得比較穩定，活得健康，又能延年益壽。

有些毛孩爸媽堅持只煮鮮食，但值得提醒的是，鮮食準備過程較複雜。比方說，若要加入玉米筍、木耳一起煮，最好先瞭解這兩種食材提供哪些基本營養素，應該如何烹調，才能保留食物本身最營養的價值。[4]（所有鮮食都建議切至小塊幫助容易消化，也可避免喜愛大口吞食的狗狗造成腸胃道阻塞的問題）。

---

2 https://www.petmd.com/dog/nutrition

3 TED X Talks- How to build the forever dog by Rodney Habi

4 Toby Amidor, MS, RD,CDN,FAND Feb. 02, 2022

▶ 柯基犬 Cola 吃飼料配鮮食

此外，狗狗品種、體型、犬齡、活動量、每餐進食狀況等，也都會影響營養攝取量及熱量需求。如果毛孩爸媽要外出旅遊，準備鮮食也比較不方便。另外，建議攝取全鮮食的毛孩們最好每半年抽血檢查一次，以追蹤毛小孩的營養攝取是否足夠且均衡。

犬齡影響營養攝取的比例

餵養時，還要考量毛小孩的年紀。通常，8～10歲以後的狗狗屬於老犬，不宜餵食過多的動物性蛋白質。狗狗超過12歲後，因身體的新陳代謝變慢，若吃太多高蛋白食物，將難以消化和吸收，尤其是生食屬於高蛋白質，反而容易造成身體負擔。相反的，剛出生到1歲大的幼犬，需要大量的營養素和蛋白質，以供身體維持健康、生長與發

▶ 柴犬 POPO 吃鮮食

育之需。[5]

至於成犬，則要視狗狗的品種而定。小型犬如貴賓狗、吉娃娃、馬爾濟斯等，8到10歲就屬於老年期。體型愈大的狗狗，像是黃金獵犬、拉布拉多犬，則愈快進入老年期，大概8歲左右，就屬於老犬。

原則上，年紀較小的幼犬，通常不必額外補充營養素或維他命，從飼料和罐頭中即可攝取到充足的營養素。年紀較大且身形較長的狗狗，如柯基犬、臘腸狗等，約7到8歲時，就會開始補充葡萄糖胺，以提早做好骨骼關節的保健與照護。

勿把人類養生觀念套用在毛孩身上

許多毛孩爸媽都細心呵護毛小孩，容易把人類的養生觀念套用到狗狗身上，把自己

---

5 Vet Corinne Wigfall, BUMBUS, BVMed Sci

▶ 巴哥橘子吃鮮食

平常食用或進補的料理順手拿給牠們吃。但這樣的料理反而可能會對毛小孩造成負擔。另外，像是水果的糖分太高，若要分享給狗狗，就必須控制餵食量。以香蕉爲例，吉娃娃只能吃十分之一塊，黃金獵犬則是可以吃四分之一條。

養毛小孩，需要留意的「眉角」很多。其實，一般建議狗狗正常吃兩餐，但也要取決於使用什麼爲主食，每餐的份量和毛孩身體狀況爲主，如果不確定餵食量，可詢問營養師或參考飼料包裝上的餵食量，有特殊狀況的狗狗建議可以詢問醫生，即可攝取到完整又均衡的營養素，健康快樂的成長。

6 Emily Bay Apr. 28, 2023 Calcium for Dogs

Miki小叮嚀

毛孩補充鈣質，就能長得頭好壯壯骨骼棒？[6]

毛孩爸媽常抱持「補鈣能讓狗狗骨骼強壯又健康」的想法，所以經常餵食添加鈣質的保養品。然而，毛孩與人類一樣，體內的鈣與磷必須互相平衡，才能維持健康。一旦鈣或磷過量，或兩者不均衡，別說讓骨骼強壯，反而易使骨骼變得弱，甚至加重關節、腎臟的負擔，除非有特殊狀況的狗狗，例如懷孕、老犬需要特殊照顧者，一般健康的狗狗無需再額外補充鈣，如有特殊需求者，讓狗狗補充鈣質之前，記得先徵詢專業獸醫的意見。

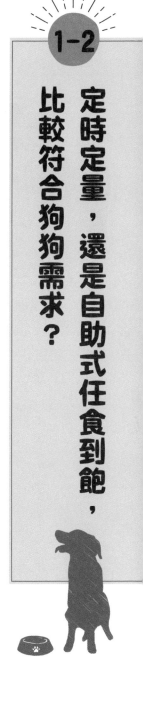

1-2 定時定量，還是自助式任食到飽，比較符合狗狗需求？

吃東西定時定量，不暴飲暴食。這些基本的生活小常識，對人和狗皆是共通的道理。因爲用餐定時、定量及定點，除了有助於狗狗養成良好的飲食習慣外，更是許多狗瑞長壽的祕訣。

用餐應定時定量，可別放任吃到爽

正常情況下，一隻成犬建議每天餵食兩次，早晚各一次；幼犬的胃容量有限，加上正值生長期，則需要分成3到4次餵食。2到4個月的幼犬建議3至4餐，4到6個月的幼犬2至3餐，6個月以上的幼犬不要少於2餐。定時定量餵養，還可以解決狗狗挑食、吃飯不專心的問題，避免狗狗過瘦或肥胖。

或許定時定量對一些生活比較規律的主人而言，比較方便，不過，太刻意的定時餵食並非全然無缺點。假如毛孩爸媽出遠門、不在家，無法在固定時間餵食，狗狗就會感到焦躁不安；或者是狗狗原本習慣每天都是早上7點進食，持續了10年後，某天突然延後到7點半吃飯，一旦打亂作息，狗狗就會覺得不習慣。站在毛孩的立場來看，每天都是固定模式，突然間改變生活步調，自然容易情緒不穩定。

▶ 柴犬熊熊吃炒蛋

但要提醒的是，如果毛小孩一天吃兩餐，這一餐沒吃，下一餐仍要定時定量。毛孩爸媽切勿抱持補償心態，爲狗狗增加飯量，以免破壞飲食習慣。而且狗狗不吃飯，只要健康無虞，過了2、3天後，就會回復正常進食。

▶ 柴犬酷比吃鮮食餅乾

（照片為廣告拍攝時使用，
平常請勿給狗狗這麼多餅乾喔）

自助式任食到飽，可能會吃過量而導致肥胖

採用任食方式餵食，像是早上把整天的餵飼量倒好，讓狗狗自行調配時間進食，或是只要碗空了，就立即添滿飼料，以確保狗狗不會餓著。不論是哪一種模式，看似出自於疼惜愛犬的餵食行爲，其實反而會讓狗狗備感壓力，更何況一次吃太飽，很容易造成腹脹或胃痛，甚至可能因過度飲食而產生肥胖、糖尿病、高血壓、腎臟病或癌症等疾病。

自助式任食到飽的方式，不但會讓毛孩爸媽無法掌握狗狗的進食時間，也較難推算排便的時間，尤其是生活習慣還不穩定、正在進行定點如廁訓練的幼犬。因此，毛孩爸媽必須訂定規律的餵食習慣，才能精準掌握狗狗散步與如廁時間。[7]

用餐時間不超過10分鐘，切勿一口一口餵食

限制用餐時間也很重要。通常，狗狗每次吃飯應設爲5到10分鐘，一旦超過10分鐘狗狗停止進食就可以把碗收起來，切勿讓狗狗隨時都可以享用到飼料。同時，如果狗狗因爲挑食而不

7 www.preventivevet.com Author Dr. Lisa Goldstein. Jan. 07, 2024

選擇將飼料食用完畢，餐與餐之間也不宜給予零食，否則很容易養成毛孩挑食的習慣。

值得注意的是，應讓狗狗盡量在5到10分鐘內完食，而且碗裡的食物也不宜長時間放置而未食用，尤其是夏季炎熱，食物容易變質、滋生細菌和腐敗，很可能導致狗狗腹瀉，對狗狗的健康造成危害。

如何確定狗狗結束用餐時間？通常，只要掉頭離開（不是去喝水或上廁所），就代表狗狗不想吃了。不吃有兩種可能性，一是挑食，二是身體出了狀況。

此外，在享用正餐時，也可以當作一種行爲訓練的方法。像是幼犬階段的狗狗，玩心很重，常吃了幾口就跑去玩。只要毛小孩一離開飯碗或當下不吃完，就代表不吃了，這時應立即把食物拿走。結果，小狗玩一玩，回來後發現飯不見了。毛孩爸媽只要能堅持做到這一點，狗狗就會知道認眞吃完飯後，才能離開。

除了貫徹「不吃就收起來」的原則之外，毛孩爸媽也切勿一口一口餵，更別拿著飼料追著狗狗一顆又一顆餵食。因爲主動吃東西是動物的本能，一口又一口的餵食，反而會破壞動物與生俱來的進食能力。

在我的訓練課程中，常見到毛孩爸媽手捧飼料，一顆又一顆餵養狗狗，這樣的比例約占三到四成，結果養出來的狗狗超級胖。一旦狗狗過胖，很多疾病就會找上門來。根據研究一隻10公斤的狗狗增加1公斤，相當於人類增加5～7公斤。過胖對狗狗的關節負荷過重，易導致退化性關節炎，尤其是老犬更要小心。[8]

維持七到八分飽，健康又延年益壽

的確，餵食過量的情形很常見。許多毛孩爸媽擔心毛小孩吃不飽，每天除了正餐，還提供一堆零食，結果導致狗狗吃太多，甚至是吃不完，或下一餐吃不下。這就像人們經常形容：「有一種餓，叫『阿嬤覺得你餓』」。

但事實上，俗話說：「常吃八分飽，延年又益壽。」對人類來說如此，對狗狗同樣適用。根據研究，維持七到八分飽，是最好的飼養方式，不僅可避免攝取過多的熱量，還能有效延長壽命。而且讓狗狗吃得意猶未盡，維持對食物的渴望，每天都期待吃飯和出去玩，這樣的生活才會充滿樂趣。

8 Hillside Veterinary Centre UK.

那麼，毛孩爸媽該如何判斷狗狗吃了七、八分飽呢？如果是選擇飼料，建議餵食量可打八折。例如，飼料包裝上的一天建議餵食量是100公克，若狗狗每天只有散步，沒有其他運動，可吃80克；如果有游泳、爬山等運動，則增加到120克。有一些舊有觀念認為，狗狗如果繼續舔碗，表示沒有吃飽。相信我，愛吃的狗狗無論您倒多少，牠都有機會吃光光喔！我有一位學生曾經讓她的狗狗打開飼料桶吃到爽，結果狗狗沒有停下來，吃了10分鐘以上，吃到肚子都垂到地上，主人發現不能再讓狗狗吃下去，才阻止牠繼續。

毛孩爸媽都希望愛犬能夠活得更久、更健康，在飼養方面就得多費心。只要定食定量定點餵食，加上每餐七、八分飽，就能讓狗狗健康活到老。

Miki 小叮嚀

食慾是觀察狗狗健康狀況的紅綠燈

狗狗如有身體不適，初期往往會反映在食慾變化上。如果採取任食餵養，將難以判別狗狗是否因挑食或身體不舒服，才降低進食意願。反之，若採用定時定量餵食，一旦狗狗在肚子餓時，卻沒胃口、不想吃飯，那麼毛孩爸媽便能更精準且及早發現問題所在，讓愛犬盡早就醫治療。

1-3 碰上愛犬挑嘴，該怎麼處理？

狗狗不愛吃飯，常讓許多毛孩爸媽煩惱不已。即使用盡各種方法，軟硬兼施，有些狗狗對於毛孩爸媽用心準備的飼料乾糧、罐頭、生食，甚至是自製鮮食，依然不爲所動。

其實，狗狗不吃飯，存在很多種可能性，最常見的兩大原因，一是挑食，二是身體不舒服。因此，毛孩爸媽遇到愛犬不吃飯時，可千萬別生氣或難過。想要對症下藥，應先釐清、瞭解狗狗不吃飯的原因，再嘗試改善狗狗挑嘴的方法，矯正狗狗挑食行爲，才能讓狗狗乖乖吃飯哦！

先分辨是挑食，還是身體不舒服

如果狗狗挑食不吃，只想等著下一餐。毛孩爸媽只要確認狗狗身體狀況正常，就無須過度擔心，反正這餐不吃就收起來。但是，患有心臟病或身體狀況不佳的狗狗，只要沒進食、血糖低，就可能昏倒，所以一旦不吃飯，就有機會是身體不舒服的徵兆，而非挑食。

我在22歲時養的柯基犬 Cola，當時飼養到8個月大時，開始不愛吃飯。我嘗試加入肉乾或肉條，也換過各種飼料品牌。一開始，Cola 覺得有新鮮感，認眞吃了幾餐，可是過了一週後又不吃。這種情況不斷反覆發生，直到帶著 Cola 去參加了訓練課程，學到了正確的作法。

在確定 Cola 身體健康無虞下，只要到用餐時間，我把食物放到飯碗裡，牠不吃飯，我就馬上拿走飯碗，這餐再也不給任何食物。這樣的作法，目的在於傳達清楚的訊息：「這餐不吃，就要餓到下一餐，才會有東西吃！」

結果，Cola 整整餓了兩天半，等於餓了5餐，到了第6餐就乖乖吃飯，再也不挑食。自此以後，我只要把飯碗放到用餐位置，Cola 如果有任何遲疑或者撇頭走開。我立即可判斷一定是 Cola 的身體不舒服，馬上送醫就診，這樣可以避免拖延病情。

這點非常重要。由於狗狗很能忍痛，如果從小養成挑食壞習慣，長大後平時不乖乖吃飯，又很愛東挑西挑，當某天突然不吃飯時，毛孩爸媽將難以辨別究竟是因爲挑食，還是身體出狀況。因此，不論是犬齡或品種，只要狗狗一出現挑食現象，毛孩爸媽就要開始狠下心、調整其行爲。但前提是必須先確認狗狗身體狀況正常，才能透過各種訓練來改變行爲。

別餵太多零食，也不宜頻繁換飼料

如果零食吃太多，狗狗也會不吃正餐。我飼養的澳洲牧羊犬「滾滾」，標準體重應該是24到26公斤左右，結果居然一度胖到33公斤，甚至因體重過重，遭到獸醫師警告要減肥。

可是，那時我明明沒有給予過多零食啊？後來發現，原來是我出門上班時，家人三不五時都會偷餵滾滾吃零食。追問之下，家人的回應是：「我只是給牠吃2小塊雞肉乾而已，應該沒關係吧，下一餐再少吃點就好了。」

其實，這樣的作法，易使聰明的毛小孩覺得時時刻刻都可以吃到美味又好吃的零食，結果變得不肯吃正餐。更糟糕的是，滾滾不僅沒有挑食，還多吃了一堆零食。如果你的家裡也發生類似狀況，請召開家庭會議，務必使每位家庭成員對毛小孩的教導態度都是一致，才能讓牠接收到正確的訊息。

經與家人溝通彼此觀念後，在我堅持下，滾滾後來戒掉吃過多零食的習慣，並在半年內減掉6公斤。基本上，[9]狗狗合理的減重速度是一個月減掉體重的3%～5%。而且食物也不宜

9 Dr. Beth Turner https://www.preventivevet.com/ Sep.19,2023

一次減量過多，例如從每餐飼料100顆直接降到只有10顆，一旦狗狗餓過頭，就會出有機會現護食、搶食行爲。

有些毛孩爸媽碰上愛犬挑嘴，反而會爲狗狗加料。例如，在飼料內加入雞肉乾，就像小孩吃飯，會拌肉鬆一起吃。如此一來，可能會有營養過剩的問題，而且添加了幾天後，狗狗可能就會有機會出現不吃或者挑食，期待主人會提供更多其他選擇。

▶ 澳洲牧羊犬滾滾吃零食

在我訓練狗狗行爲的經驗中，常發現只要狗狗不吃飯，毛孩爸媽就會變換其他口味，從A品牌飼料換到B品牌，再換到C品牌。雖然不斷變換新口味，但狗狗可能只吃了一週，就又不吃了。

事實上，狗狗不會吃膩某一品牌的飼料，而是飼主會買膩。因此，除了有些低階飼料缺乏狗狗需要的營養素之外，中高階飼料通常都含有完整且必需營養素，可滿足狗狗的營養需求，建議毛孩爸媽無須過於頻繁更換飼料品牌。

1-4 主食之外，還可以吃零食嗎？

有人說，沒有零食光吃飯，人生樂趣少一半。人們喜歡吃零食，狗狗也喜歡吃零食。可是，吃零食最忌諱「想吃就吃」，毫無節制的結果是很容易失控吃太多。一旦狗狗攝取過多熱量，可能會有體重過重、甚至是肥胖的隱憂，對健康造成危害。

肉乾看似小塊，卻可能攝取過量

由於零食所含的營養素較單一，如果長期把零食當作正餐餵給狗狗吃，狗狗可能會營養失衡，不利於生長。因此，毛孩爸媽必須先建立正確的觀念：「不能把零食當正餐餵，以免養成不愛吃正餐的壞習慣」。

很多人認爲，吃飽飯後才能吃零食。其實，6個月以上的狗狗只要正常吃兩餐，把正餐吃好、吃滿，即可攝取到完整且必需的營養素，無須額外吃零食。畢竟，零食再美味，對身體來說終究是多餘的熱量。

不過，要完全不碰零食，似乎是「天方夜譚」。在我訓練狗狗行爲的過程中，經常看到許多毛孩爸媽喜歡自己烘烤雞肉乾，當作狗狗的零食。試想，假如一隻小型犬吃3條雞柳條或3條里肌肉在尚未烘乾前，生肉的水分含量高，份量又大，光吃一塊，就很容易有飽足感。

其實，把生雞柳條或里肌肉烘烤成雞肉乾後，只是外觀改變，熱量依然沒變。即使只有給狗狗吃一條烘乾的雞柳條，熱量等同於是一條生雞柳條或里肌肉的份量。這就像人們喜歡吃牛肉乾、豬肉乾，甚至是肉乾、肉紙一樣，看似少量，卻很容易不知不覺中吃過多、攝取過多熱量。結果，讓狗狗吃太多零食，反而吃不下正餐，而且一次吃太多蛋白質，還可能超過每日應攝取量。

究竟要如何正確餵食狗狗吃零食，才不會爲牠的健康帶來多餘的負擔呢？首先，零食不能吃過量，過猶不及都不適當。其次是，零食的口味和種類最好多元化，包括雞肉、牛肉、袋鼠肉、兔肉、鴕鳥肉等，都很適合拿來當成訓練和平時表現良好的獎勵。最後是零食的大小跟飼料尺寸差不多即可，建議把一大塊肉乾分成小塊吃，並分散在不同時段吃，如此將能滿足毛孩爸媽餵食愛犬吃零食的樂趣。

用零食當獎勵，正向加強毛孩行爲

許多毛孩爸媽認爲，出遠門或下班回家後，不能給點零食慰勞愛犬，似乎剝奪了毛孩很多樂趣。的確，狗狗偶爾吃零食，無傷大雅，就像人們吃飽飯後要來點水果或甜點。但應避免餵食過量，因爲狗狗吃過多的零食，不但影響正餐進食量，更是肥胖的來源。與其讓狗狗爽一時，吃過量的零食，之後還要花更多錢幫狗狗減重，照顧上也更辛苦，倒不如一開始就嚴格控制狗狗的零食量。

根據美國寵物食品協會（Pet Food Institute）於二〇二〇年1月的調查結果發現，台灣有近6成（57．7%）的寵物有肥胖問題。過胖寵物容易有高血壓、高血脂及高血糖等三高問題；其中又以高血壓與高血糖居多，因而提高糖尿病等肥胖相關疾病的發生機率[10]。

其實，狗狗吃正餐，是生存本能，並不需要獎勵行爲。毛孩爸媽也不能因爲看到愛犬撒嬌、呆萌又可愛，動不動就給零食。這樣做很容易餵食過量，並寵壞狗狗，讓狗狗不勞而獲，太快獲得滿足感，而對於食物和生活的渴望度就會下降。

10 Dr. Chris Roth DVM Sep. 15, 2023

正確作法應該是善用零食來引誘狗狗達到指令，加強其主人們喜歡的行爲。在訓練時，如果狗狗完成了相對應的動作，毛孩爸媽要立即給予獎勵。例如，訓練狗狗「坐下」，當狗狗坐下的那一瞬間，就獎勵牠一點零食。完成訓練指令後，才能吃零食，這樣才能讓狗狗學會分辨什麼是正確和有禮貌的行爲。

如果毛孩爸媽希望愛犬有禮貌，可爲狗狗的生活增添一點好玩的事物，像是帶狗狗出門散步或運動都很適合。多元化的訓練方式，可維持狗狗對生活慾望的渴求度。當狗狗過得開心，心情愉悅，自然吃得下飯。

但若狗狗因爲吃了太多零食而需要重新調整進食習慣的話，在這段期間，就只能給正餐，不能給零食。切記，零食能傳達出毛孩爸媽對狗狗的愛意，所以餵食時機和理由都相當重要。

Miki 小叮嚀

餵狗狗吃飯，別用威脅或利誘手段

當狗狗食慾不振時，毛孩爸媽想要叫牠們來吃飯，可別以爲只要哄騙、威脅或利誘，牠們就會乖乖過來吃飯。此外，千萬別將人類認知套用在狗狗身上，以爲養了第二隻狗，讓牠們互相搶食物，就會更願意吃。其實這樣做，反而容易導致毛孩情緒不佳、腸胃不適。而毛孩爸媽的情緒也會影響愛犬的行爲與健康。如果毛孩爸媽動不動就大呼小叫，狗狗也會變得焦慮緊張而吃不下飯。

1-5 狗狗吃東西，有哪些禁忌？

寵物主人對狗狗的健康和幸福，應負全責。這意味著，除了提供營養均衡的飲食外，還要確保牠們不會亂吃或吃錯東西。可是，當毛小孩討東西吃時，睜著水汪汪大眼睛，露出可愛笑容，相信許多毛孩爸媽總會忍不住偷塞一、兩塊食物給牠們。

但由於狗狗的生理構造、消化系統、吸收及新陳代謝功能，與人類不同。有些食物雖適合人類食用，對狗狗卻是有毒，萬一不小心誤食，輕者可能導致嘔吐、腹瀉、腸胃不適、抽搐、呼吸困難，嚴重者可能會致命，不可不慎！

毛孩不能吃的十大禁忌食物

毛孩爸媽可以吃或愛吃的食物，對狗狗來說，可能是「地雷」。而會引起狗狗中毒的食物，其中最廣爲人知的是巧克力，位居十大禁忌食物之首。

1. 巧克力

巧克力可為人類帶來幸福感，對狗狗而言卻是致命的毒藥。由於巧克力含有甲基黃嘌呤（methylxanthines），是一種興奮劑，會阻礙狗狗新陳代謝過程。一旦誤食，將導致嘔吐、腹瀉、心律異常、抽搐、癲癇發作，甚至死亡。值得注意的是，黑巧克力的甲基黃嘌呤含量最高，對狗狗的毒性最強。

此外，巧克力還含有可可鹼和咖啡因，可加快心跳，並刺激神經系統。即使只是一點點巧克力，也可能使狗狗出現上吐下瀉、煩躁等症狀。若不小心攝取過量的話，恐造成心跳加速、排尿增加、昏迷、死亡，可說是相當致命的食物。

2. 蔥蒜類食物

蔥蒜類食物，包括洋蔥、青蔥、韭菜、大蒜等，含有二氧化硫，會破壞狗狗的紅血球，引發嘔吐、腹瀉、胃痛、噁心、血尿、貧血、發燒等症狀，嚴重者會致死。各種形式的洋蔥或大蒜，不論是脫水、生的或煮熟，甚至是洋蔥粉、大蒜粉等，即使只有一丁點，都可能損害狗狗健康。

3. 葡萄和葡萄乾

雖然葡萄和葡萄乾中的有毒物質尚不清楚，但若狗狗誤食，可能會出現腹瀉、腹痛、厭食、嗜睡、無力等症狀，引發腎功能異常，嚴重時還會導致急性腎衰竭，無法正常排尿，甚至死亡。其中，又以葡萄皮和葡萄籽的毒性對狗狗來說更高，應避免餵食。

4. 蘋果蒂頭、種子及果核

有些水果果肉如蘋果並不會危害狗狗，但其蒂頭、種子含有微量氰化物，會破壞細胞運輸氧氣的能力。這意味著狗狗可能無法獲得足夠氧氣，恐引發嘔吐、暈眩、抽搐、呼吸困難、窒息，甚至是昏迷。另外，果核太硬，也可能阻塞狗狗腸道，致使難以消化。

除蘋果外，西洋梨、柿子、桃子、李子及櫻桃的種子或果核也都含有微量氰化物。萬一狗狗誤食，請留意是否有瞳孔放大、呼吸困難及牙齦紅腫，因為這些可能是氰化物中毒的徵兆。

5. 酪梨

酪梨含有 persin，存在於果肉、果核、果皮、種子及葉子中。這是一種脂肪酸，對人體無害，卻可能造成狗狗腸胃不適、嘔吐、腹瀉、呼吸困難，嚴重會導致心肌損傷，甚至死亡。

6. 番茄

青色未成熟的番茄果實和莖葉含有茄鹼（solanine），對狗狗而言是有毒物質，易引起腸胃不適、肌肉無力、癲癇發作等現象。爲了安全起見，應避免狗狗吃到青番茄。

7. 堅果類

杏仁、核桃等堅果含大量油脂，易導致狗狗腹瀉、嘔吐，甚至引發胰臟炎。尤其是夏威夷豆更爲致命，只要攝取少量，就足以造成狗狗後腿癱軟無力、虛弱、嘔吐、呼吸

困難、發燒、僵直等症狀。

8. 牛奶及乳製品

狗狗身體因無法產生大量的乳糖酶（可分解牛奶中乳糖的酵素），牛奶和其他乳製品可能會導致牠們嘔吐、腹瀉或消化不良等問題。

9. 發酵生麵糰

麵包發酵，需要靠酵母菌。若狗狗誤食生麵糰，活酵母會在狗狗體內產氣和發酵，造成胃脹氣和腸胃不適，讓牠們痛到在地上打滾，甚至危及生命。此外，麵糰發酵，會產生乙醇（酒精），可能導致狗狗中毒。所以毛孩爸媽自製麵包或披薩時，記得讓狗狗與生麵糰保持距離。

10. 過鹹或過甜食品

太鹹或太甜的食物，都不利於狗狗健康。鹽分過多，會使狗狗過度口渴和排尿，甚至鈉離子中毒。含糖食物和飲料，也有害狗狗健康，可能會體重增加、蛀牙，甚至是糖尿病。有的花生醬中含有木糖醇（Xylitol），這是一種人工甜味劑，將導致狗狗體內胰島素增加，血糖快速下降。當血糖突然降低，將引發嘔吐、嗜睡、失去協調控制，最後可能癲癇發作、肝功能衰竭。

牢記這份清單[11]，有助於毛孩爸媽避免餵食可能使狗狗生病的食物。但正如某些食物以不同方式影響人們一樣，狗狗也會發生同樣的情況。因此，可別僅因一些食物不在這十大禁忌清單上，就以爲對狗狗是安全無虞。若不確定某種食物是否可餵食毛孩，最好先致電獸醫詢問清楚，以防萬一。

事實上，大部分的誤食意外都是因毛孩爸媽疏忽而發生。例如把裝了巧克力的袋子帶回家後，隨手放在地上置之不理，或是家裡沒人時，狗狗誤食了放在桌上的葡萄等。

爲避免類似情況發生，建議把這些地雷食物放在狗狗接觸不到的地方。造成毛小孩中毒與攝取劑量有關，但因每隻狗狗的耐受劑量不同，若不小心誤食且出現症狀時，應盡速就醫治療。

---

11 Battersea.org.uk Toxic Food for Dogs May 25, 2023

1-6 該如何讓愛犬多喝水？

喝水，看似日常小事，對狗狗而言卻是重要大事。假如體內缺乏所需的水分，很容易影響狗狗身體的機能調節與新陳代謝，可能導致便祕、脫水等問題，引發腎結石、泌尿道感染的機率也很高。因此，記得讓狗狗每天補充足量的水分，才能維持身體健康。

一天該喝多少水才夠？

狗狗每天的喝水量應該是多少？若依照成犬的體重來計算，最低標準是每一公斤體重需要40ＣＣ到60ＣＣ的水量[12]。假設狗狗體重是3公斤，每天攝取水分的最低量爲120ＣＣ到180ＣＣ。

12 By PetMD.com Katie Grzyb, DVM. Reviewed by Veronica Higgs, DVMJul. 28, 2023

喝水量也會隨著狗狗的身體狀況、運動量、天氣變化等因素而改變。除非特殊情況必須嚴格控管喝水量外。毛孩運動量愈大，所需的水分愈多，天氣愈炎熱也需要多喝水。幼犬在成長期，愛玩、運動量又大，喝水量就比成犬多。若是待在冷氣房太久，或老狗以睡覺居多，喝水量則會偏少。

毛孩爸媽應想辦法鼓勵狗狗多喝水，達到每天基本喝水量。原則上，寧願狗狗多喝水，而非只舔一、兩口水。狗狗若飲水不足，很可能會脫水，嚴重會導致許多器官病變。但如果突然喝太多或完全不喝，可能是毛小孩身體發出不對勁的訊號，提醒毛孩爸媽留意。

如果狗狗不喝水，先觀察身體健康狀況。排除健康因素後，狗狗沒喝到足夠的水量，可能是運動量不足，所以不覺得口渴。運動量不足，可能來自體型太胖而不想動、主人陪伴和玩耍時間太少。

散步、玩遊戲、增加運動量，可提高毛孩喝水量。試想當狗狗開心地到公園跑跳完後，覺得十分口渴，一回到家最想做的事莫過於找水喝！換句話說，只要適度增加狗狗的運動量，自然會誘發牠們想喝水的本能。

適時提供充足且乾淨的飲用水

狗狗口渴時想要喝水，就像肚子餓了要吃東西，都是身體本能反應，這種基本需求需要獲得滿足。根據台灣《動物保護法》第5條規定：「飼主應提供適當、乾淨且無害之食物及24小時充足、乾淨之飲水。」

也就是說，毛孩爸媽必須每天準備充足且乾淨的飲用水，讓狗狗隨時都可以喝。從這點可得知，水的新鮮度很重要。如果總是等到狗狗把碗裡的水喝完才換水，狗狗肯定不愛喝水。一來是因爲狗狗的舌頭比人類更靈敏，一旦水放太久，就會變黏稠、新鮮度不足，自然會覺得不好喝。二來是因爲狗狗

▶ 柯基犬嚕米亞喝水

的唾液中有許多細菌，若未經常更換新鮮的水，或不清潔碗盆，不但容易使水裡滋生有害的細菌，產生不佳的味道，也會導致狗狗對水興致缺缺。

因此，建議一天要更換3到4次水，等於是每4小時左右就要提供新鮮且乾淨的飲用水，才能讓狗狗喜歡喝水。平時也要多觀察狗狗的身體是否有異狀，若突然不愛喝水，或連續好幾天都不喝水，最好還是帶去動物醫院檢查比較安心。

Miki 小叮嚀

善用小技巧，鼓勵毛孩多喝水

夏季或天氣炎熱時，可在水中加冰塊，喝起來較涼爽，或是在 100CC 的水中，滴入兩、三滴蜂蜜，增添一點味道，讓狗狗覺得好喝。另也可以讓狗狗喝不加鹽的魚湯、肉汁，口感上有點變化，鼓勵狗狗多喝水。但這些都是權宜之計，不建議天天使用，以免狗狗養成壞習慣，只愛喝有味道的水，不愛喝白開水。

1-7 幼犬的口腔期需要獲得滿足

幼犬總是喜歡咬家具，或是一下子就把剛買回來的玩具咬得稀爛，讓毛孩爸媽頭痛不已。與人類一樣，狗狗一生只會換一次牙，約3到6個月大時，換完所有乳牙。在這個過程中，倘若未滿足幼犬的「口腔期」，牠們就會在家裡到處尋找可塞入嘴巴內啃咬的物品，舉凡家具、襪子、拖鞋、衛生紙、報紙等，全都會遭殃。有些狗狗在長大後出現許多不當的行爲，也是在此階段逐漸養成。

3到6個月大，狗狗換完乳牙

幼犬社會化過程中，從出生後到2個月大時，應該以和狗父母、兄弟姊妹相處爲主，不宜太早離開狗爸媽與兄弟姊妹身邊。剛滿月3週大的幼犬，開始長乳牙，吃奶時會咬狗媽媽的乳頭，或是常與狗爸媽和兄弟姊妹互咬，這段時間稱爲「口腔期」。如果咬了覺得痛，狗狗就會慢慢懂得如何學習控制啃咬東西的力道。但若太早將幼犬帶回家中，減少與兄弟姊妹間的互動時期，成長過程中啃咬飼主的比例就偏高。

當狗狗2到4個月時大後，進入飼主家中，開始學習如何與人類互動，這是學習社會化的最重要時期。假如飼主常把手指頭放進狗狗嘴巴裡，放任牠舔咬，毛孩就會認爲可以咬主人的手。當狗狗小時候這樣做，你會覺得很可愛，一點也不會痛。可是，等到牠長大後，仍繼續啃咬你的手，讓你痛到受不了，就會覺得很可惡。

基本上，幼犬有28顆乳牙，乳齒很小且薄，卻十分尖銳。等到狗狗3到6個月大開始換牙，新長出來的42顆恆牙會比原本乳牙還要大顆且圓潤。很多人認爲這段時間不能讓狗狗咬硬的東西，以免牙齒長歪，這是錯誤的迷思。也有很多毛孩爸媽擔心幼犬的牙齒太脆弱，萬一給了太硬的零食或玩具，結果一咬，牙齒斷掉，該怎麼辦？

其實，重點在於要選擇軟硬適中、成分天然又耐咬的玩具或零食。在這段換牙成長期，狗狗可以咬硬的物品，但太用力咬時，若會感到疼痛，自然就懂得學習控制啃咬玩具的力道。可是，假如狗狗不知道如何控制啃咬的力道，長大後吃食物或咬東西時，就很容易直接用撕咬碎爛的方式處理。

提供啃咬物品，學習控制力道

因此，建議在幼犬2個月大時，毛孩爸媽可以提供一些適合啃咬的磨牙玩具和零食，或天然耐啃咬的原形食物，例如牛排骨、牛膝骨、牛蹄、牛肋排等，讓狗狗學習控制力道。

在幼犬成長過程中，口腔期的滿足是很重要的。這段期間，一旦狗狗沒東西啃咬，就會亂咬家具或拖鞋。特別是主人出門上班或外出旅遊時，記得要提供可以啃咬的物品，以滿足幼犬的口腔期，訓練狗狗不能亂啃咬。（切記千萬不要限制狗狗啃咬的時間長度，您應該不會希望他沒有事情做而跑去啃咬您的家具）。

市售的磨牙玩具或啃咬玩具，目的是要讓狗狗自己學習控制咬東西的力道。訓練方式是主要是讓主人和狗狗用正確的方式互動，鼓勵狗狗控制咬東西的力道。值得提醒的是，訓練過程中，與狗狗互動玩耍時，絕對不能讓狗狗咬著主人的手、腳，而是要選擇能和主人一起玩耍消耗體力的玩具爲主。

幼犬是用嘴巴來認識、嘗試世界上的事物，這點就像人類嬰兒一樣。因此，可以吃進肚子的東西，才適合給幼犬練習啃咬。在市售啃咬物品中，不宜使用牛皮骨[13]（常見是白色且打兩個結）。這種看似無害的零食，因原料和成分不佳，狗狗啃咬後，很容易爛掉，若不小心吞進、卡住喉嚨，就會發生危險，嚴重甚至可能致命。

此外，毛孩爸媽須注意6個月以下幼犬不可以咬潔牙骨，因爲牠們的腸胃尚未發育成熟。經過VOHC[14]認證的寵物潔牙骨，也只適用於6個月以上的狗狗。

毛孩爸媽帶幼犬外出散步，狗狗常會去咬落葉、樹枝，就像幼兒喜歡撿地上的東西，一撿起來就往嘴裡塞。其實，在環境安全的情況下，可以讓狗狗多方嘗試，滿足口腔期的需求[15]。因爲狗狗會用嘴巴認識大自然和外界事物，一旦咬到檳榔渣、樹葉或樹枝，覺得難吃，自然就會吐出來。但要注意讓狗狗遠離危險的物品，例如雞骨頭，以安全度過換牙期。

---

13 How to make Rawhide by Rodney Habib Dec.31, 2016

14 美國獸醫口腔健康委員會（Veterinary Oral Health Council 簡稱 VOHC）由美國獸醫牙科學院（American Veterinary Dental College 簡稱 AVDC）於一九九七年成立及運作，AVDC 爲美國唯一可以授予獸醫師「獸醫牙科專科醫師」認證的專科學院。

15 By PetMDMallory Kanwal, DVM, DAVDC on Feb. 7, 2023

CHAPTER 2

衣 穿衣禦寒怎麼做？真的要剃毛嗎？

狗狗穿衣小測驗

有些毛孩爸媽喜歡替寵物穿上可愛俏皮的衣服，但狗狗真的適合或喜歡嗎？如何判斷狗狗怕冷或怕熱、穿衣服的時機，以及有哪些方法可以幫助牠們散熱或保暖，這些都是飼養寵物之前必做的功課。在迎接新成員到家中之前，請先玩一下「狗狗穿衣小測驗」，再看一下得分結果如何：

○ ✕	
	❶ 吉娃娃和貴賓犬都是容易怕冷的品種，阿拉斯加雪橇犬和哈士奇則是較能禦寒、不怕冷的犬種。
	❷ 每到炎炎夏日，狗狗滿身長毛，應該會覺得很熱，乾脆剃光毛髮，讓牠清涼又消暑。
	❸ 狗毛具有調節體溫的保護作用，不能全部剃光。
	❹ 狗狗覺得冷時，會出現發抖、蜷縮身體等情形。
	❺ 豔陽高照下，狗狗在戶外狂奔後，最好趕緊躲進室內吹冷氣。
	❻ 毛孩穿上衣服，看起來加倍可愛，穿上一整天也沒關係。
	❼ 天氣忽冷忽熱，可視情況幫毛孩加件衣服。
	❽ 如果毛孩不喜歡，就不要強迫牠穿衣服。
	❾ 天冷時，應該讓狗狗睡在毛毯上，緊密門窗，以免著涼。
	❿ 有些大型犬本身毛髮長且厚，無須額外添衣；小型犬才比較要注意在日夜溫差大或有感冒症狀、心血管慢性疾病等特殊症狀時，爲牠們穿上外衣。

解答在最下方。

計分方式：答對得 1 分，答錯得 0 分。

得分：

★ **介於 8 至 10 分：**你很懂得照顧毛孩健康，飼養寵物的觀念也很正確，繼續掌握本書中所提到的重點，當個稱職的好爸媽。

★ **介於 5 至 7 分：**你很注重毛孩的穿衣哲學，但仍存有一些迷思，這本書能幫助你更了解如何飼養寵物。

★ **4 分以下：**你對毛孩穿衣的觀念還需要多加把勁，這本書提供正確觀念和實用作法，可以成爲你的好幫手。

爲毛孩添加一件衣服，並非純粹爲了可愛好看，而是要幫助牠們散熱或保暖。唯有毛孩爸媽先建立正確的穿衣觀念，才能讓狗狗穿得舒服又自在。

解答：第 2、5、6、9 題爲「X」，第 1、3、4、7、8、10 題爲「○」。

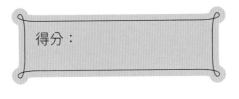

2-1 狗狗到底怕冷，還是怕熱？

狗狗究竟怕冷或怕熱，可千萬別以人類的思維來揣摩牠們的感覺。畢竟，狗狗與人類不同之處在於：狗狗有狗毛。無論毛髮長短，狗毛猶如狗狗天生的衣服，具有調節體溫、保護皮膚的作用，而且還能抵禦強烈的紫外線或寒流，以及避免蚊蟲叮咬等傷害。因此，毛孩爸媽必須先了解狗狗的品種和原產地，並仔細觀察狗狗的冷熱感受，才能辨別牠們到底是怕冷，還是怕熱，再斟酌是否需要增添衣物、修剪毛髮或採取降溫措施。

狗狗適應氣候能力，因品種而異

原則上，狗狗對天候和氣溫的適應能力，視不同的犬種、原產地而定。例如，阿拉斯加雪橇犬（又稱阿拉斯加馬拉穆）、西伯利亞雪橇犬（別稱哈士奇）等來自寒帶地區。雖然牠們的毛髮型態不同，但都很濃密，而且有雙層毛，所以遇到寒冷天氣或氣溫下降時，身體較不怕冷，也無須額外添加一件衣服。

相反的，吉娃娃、約克夏、貴賓狗、西施狗、馬爾濟斯犬等，都是較容易怕冷的寵物狗，因體型小且屬於單層、短毛犬。一般來說，原產地來自熱帶地區的狗狗，爲了適應當地暖熱的天氣，通常以單層、短毛爲主。以吉娃娃爲例，堪稱是世界上最小的犬種，吉娃娃源自墨西哥，那裡主要是熱帶氣候，天氣較溫暖溼熱。

來自寒帶地區的狗狗，到了台灣後，由於台灣的氣候與原產地不盡相同，大多需要經過一段時間重新適應，才能習慣新環境的天氣。我曾在美國留學，當時養了一隻柯基犬Cola，當地氣候四季分明，Cola很習慣那邊的天氣。等到牠跟隨我回台後，反而一開始不太能適應高雄四季溫暖溼熱的天氣。

不過，從進化角度來看，動物的身體爲了適應生存環境的變化，天生就會不斷自我調節。像是狗狗的毛髮和脂肪層具有調節體溫的功能，會因應生存環境的氣候變化而加以調整。比方說，冬季天氣冷颼颼，狗狗的毛髮會濃密一點，脂肪層也會厚重一點，以達到保暖作用；到了炎熱高溫的夏季，狗狗的毛髮則會掉多一些，脂肪層也會輕薄一點，藉由自行調節，發揮散熱效果。

▶ 柯基犬圓仔穿降溫毛巾

從舌頭、腳掌、耳朵辨別怕冷或熱

毛孩的皮膚汗腺不發達，汗腺全在舌頭及腳掌等部位。天氣炎熱時，狗狗在戶外運動、狂奔，跑到氣喘如牛，就得靠著舌頭伸出嘴巴外喘氣，加速散熱，耳朵內側皮膚也會變得比較燙。

回到主人的車上後，如果狗狗的喘氣速度變得愈來愈緩慢，並逐漸恢復正常呼吸，代表健康無虞。可是，假如狗狗的喘氣頻率未見下降，依然大口喘氣，很可能是中暑現象，應盡快就醫處理。

狗狗除了靠舌頭和腳掌上的肉球來排汗散熱外，飼主也可以觸摸狗狗的耳朵內側邊緣，一旦過燙，表示狗狗的身體偏熱，最好趕緊開冷氣、電風扇，使用沾水毛巾溼敷身體或讓腳掌踩在濕毛巾上，幫牠散熱，

▶ 柯基犬 Cola 保暖

若無法降溫就必須盡速就醫。

在排除緊張等因素下，狗狗若出現發抖、變安靜、動作變慢、耳朵冰冷，或是睡覺時身體會瑟縮、捲成一團，就是覺得冷的常見行爲。雖然狗狗不像人類那麼怕冷，但有些狗狗的皮毛不夠厚，寒流來襲時，還是會冷到皮皮挫。

因此，遇到天冷時，毛孩爸媽可仔細觀察狗狗是否出現顫抖情形，或是耳朵皮膚摸起來冰冰涼涼的。若發現狗狗把身體蜷縮成球狀，並把頭部與腹部包覆在當中保暖，躲在角落或窩在棉被、衣物等溫暖處，不願到處走動，對主人的呼喚也意興闌珊，甚至也懶得吠叫。這些情況很有可能是狗狗覺得冷

▶ 澳洲牧羊犬走走剪毛

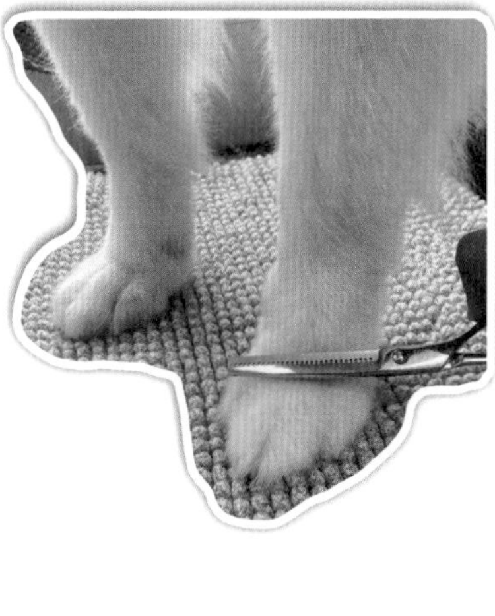

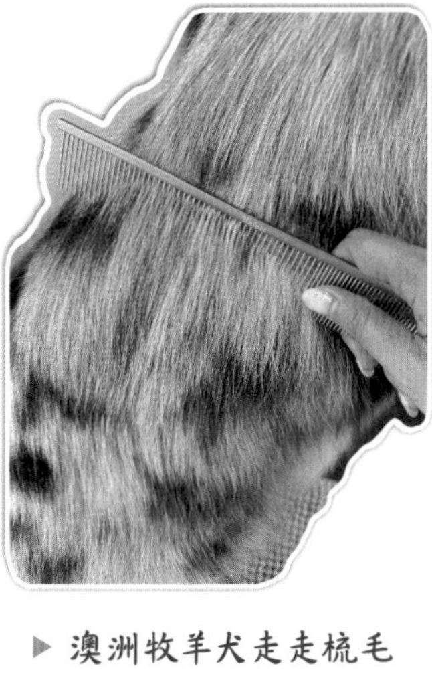

▶ 澳洲牧羊犬走走梳毛

了，可穿上保暖的衣物或出門小跑步，可以幫助牠們暖活身體儲存能量，保持溫暖。

可適度修剪毛髮，但不宜全部剃光

每到炎炎夏日，許多毛孩爸媽總是擔心狗狗滿身長毛會很熱，於是便忍不住動手替狗狗剃毛，希望讓牠們覺得清涼又消暑。可是，這樣做，對狗狗眞的有益而無害嗎？狗毛的長短，究竟會不會直接影響散熱呢？

由於狗毛本身具有某種程度的隔熱作用，當毛髮層較厚時，皮膚表皮層的溫度便會上升得較慢，所以或多或少能發揮調節體溫的保護作用。如果狗毛全被剃光，陽光可直接照射到皮膚表皮層，體溫反而會上升得

Miki 小叮嚀

若眞要剃光狗毛，乾脆養短毛犬

原則上，狗狗一年換毛兩次，把身上的毛髮汰換到適合的厚度，以順應氣候變化。但因台灣四季變化不明顯，常讓人誤以爲狗狗一年四季頻換毛髮，致使有些飼主每逢夏天時總是巴不得把狗毛剃光。但剃光狗毛，猶如奪走牠們的保護衣。艷陽高照時，毛髮對狗狗而言，就像人類爲了防曬會穿上薄長袖或戴袖套。若以愛狗狗爲出發點，我不建議飼主幫中長毛狗剃毛髮，如果眞的要全部剃光，還不如乾脆養短毛狗。

更快，加上狗狗的表皮層較薄，更容易曬傷、中暑。因此，除非是狗狗患有皮膚病或其他醫療需求，否則不宜把狗毛全部剃光[16]。

如果飼主仍想替狗狗修剪毛髮，切記不要把毛剃光或剃到太貼近皮膚。過短的毛髮，不但降低隔熱效果，還會增加罹患皮膚病的風險。畢竟，讓狗狗皮膚直接暴露在紫外線之下，就像是一個人大熱天打著赤膊，站在大太陽底下會曬傷一樣。如果狗狗會經外出散步，少了毛髮作爲緩衝阻隔，很容易會被蚊蟲叮咬。

不過，基於清潔和衛生理由，飼主可以適度修剪狗狗的毛髮，例如腳縫間與耳朵附近的位置。因爲這兩處較容易藏汙納垢，只要稍微修剪，將有助於往後清理時會更加方便。

16 By Harriet Meyers Is It Okay to Shave your Dog in Summer? American Kennel ClubNov 09, 2023

2-2 狗狗需要穿衣服嗎？

毛小孩的穿衣哲學，是一門大學問。尤其是當季節交替或早晚溫差大時，究竟該不該幫毛孩穿衣服？或是當狗狗怕熱時，又該如何處理？這些都考驗著毛孩爸媽平時的觀察與智慧。

穿涼感衣或冷敷，有助降溫

基本上，狗狗的毛髮是最好的「保護衣」。可是，遇到炎炎夏日時，狗狗毛髮過長或過厚重，總是令毛孩爸媽煩惱不已，擔心狗狗熱昏了頭。

爲了幫助狗狗降溫，讓牠們感到涼爽舒適，除了適度修剪毛髮外，其實還可以善用一些簡單的方法。例如，坊間有狗狗專用的抗ＵＶ涼感衣或涼感背心，適合夏天外出使用，穿起來透氣涼爽，可幫助狗狗散熱降溫。或者也可以利用吸水毛巾，先泡一下冰水，稍微擰乾後，再披在狗狗身上或讓狗狗踩在腳底下，也有助於快速降溫。

若是在室內，不妨考慮開冷氣、電風扇等降溫，讓毛孩吹冷氣，消暑一下。但切記，別把房門關緊，要留一點小縫，讓狗狗可以自由選擇要待在冷氣房內，還是家裡其他陰涼的角落，以免狗狗覺得太冷，想離開冷氣房，卻出不去，反而身體失溫感冒。

夏天時吹冷氣，固然可以讓毛孩感到舒適涼爽，但也要格外注意室內外溫差劇烈變化，可能導致「慢性熱衰竭」。前兩年夏天，經常傳出狗狗慢性熱衰竭的案例，嚴重時甚至會致死，讓毛孩爸媽心痛不已。

▶ 澳洲牧羊犬滾滾走走穿涼感衣

熱衰竭，又稱爲中暑。通常是因爲狗狗在戶外35℃到38℃高溫下待太久，或不斷奔跑，毛孩爸媽擔心愛犬太熱，馬上帶牠們進入20℃的冷氣房，導致體內過多的熱氣無法排出體外，結果引發慢性中暑。[17]

如果要從戶外進到冷氣房，務必先幫狗狗降溫，才能減少慢性中暑的風險。建議先讓狗狗待在中庭或陰涼處，休息10到15分鐘，然後再回到冷氣房。之前，我曾帶狗狗到戶外拍攝。狗狗在艷陽高照下跑跑跳跳，一回到車上，我通常會先搖下車窗，再開冷氣，讓牠們的身體逐漸降溫，適應車內的冷空氣。

另外，也可以讓狗狗吃冰塊或喝冰水，幫助體內降溫。不過炎炎夏日，狗狗到戶外運動，狂奔快跑後，最好先讓牠們喘口氣，等過了10至15分鐘，再喝冰水，以免嗆到。如果狗狗躲在冷氣房內，吹了一整天冷氣，飼主也要注意愛犬的喝水量是否有減少，確保牠們每天都能喝到基本的水量。

天冷時加件衣服，幫助保暖

其實，狗狗天生具有調節體溫的能力，可隨著季節、氣溫變化來調節身體狀況。若家中狗狗屬於中長毛狗，例如黃金獵犬、哈士奇等，因本身毛髮量夠長且厚，足以禦寒，就無須額外添加衣物。但如果家中狗狗身形較瘦小，或是屬於怕冷的犬種，冬天氣溫變低或日夜溫差大時，可以適時幫牠們穿上外衣保暖，以防著涼。

至於老犬，由於新陳代謝變慢、調節體溫能力變弱，遇到低溫或寒流來襲時，較容易感覺冷。即使牠們沒有發抖，最好還是要幫牠們穿上禦寒衣物，讓身體保持暖呼呼。

挑對時間穿衣，但別穿上一整天

材質上，建議選擇天然純棉的衣服。夏季時，若想讓狗狗穿衣服遮陽防蟲，切記以輕薄透氣爲主。冬季衣服則以柔軟細緻的布料爲首選，才能達到保暖禦寒效果。

衣服尺寸方面，最好是合身、不勒脖，不宜太大或太小，以免毛孩走路或活動時，不斷摩擦脖子、腋下及胯下，導致毛髮打結，難以梳理，久了還會刮傷皮膚，造成皮膚過敏、發炎，

---

17 https://www.mirrormedia.mg/story/20200707edi018 Jul. 07, 2023

甚至引發皮膚病。

更重要的是，切勿讓狗狗穿上一整天，一來是狗狗會覺得活動不便，二來是長時間穿衣服，悶著皮膚更會使牠們感到身體搔癢、不舒服。因此，最好每天視情況脫下衣服一段時間，幫毛孩梳理毛髮，讓皮膚透氣一下。[18]

每當我帶毛孩一起去露營，晚上睡在帳篷裡，都會視天候狀況，幫狗狗穿上衣服。隔天一早醒來，太陽露臉後，就會讓牠們脫掉衣服，從來不會穿一整天。

毛孩爸媽懂得保持貼身衣物的乾淨，別忘了毛寶貝也一樣！狗狗到戶外散步、運動，如果喜歡在草地上打滾，可能會弄髒衣物。主人可一週清洗一次愛犬的衣物。不過，毛孩的衣服多久要清洗一次、是否能與主人衣物一起洗，並無定論，還是依個人衛生習慣而異。

最後要提醒的是，有些狗狗沒有穿衣服的習慣，可以從小訓練牠們，讓牠們慢慢習慣，覺

▶ 柯基犬 Cola 下雪穿衣服

得穿衣服是一件很快樂的事，藉此建立良好的連結。但不論如何，寵物的健康與接受度都是飼主應優先衡量的重點。

▶ 法鬥奶茶穿衣服寒流露營

▶ 澳洲牧羊犬滾滾穿衣服拍照

18 https://animalemergencyservice.com.au/blog/heat-stroke-in-dogs/Dec. 09, 2023

2-3 冬天寒流來襲時，如何為愛犬保暖？

冬天低溫或寒流來襲時，幫狗狗穿衣服，主要目的是爲了禦寒。但如果毛孩不喜歡穿衣服，也不要勉強，可以選擇其他方式幫愛犬保暖，讓牠們溫暖度過冬天！

鋪毛毯開暖氣，抵禦冷颼颼寒冬

春夏或秋冬之際，乍暖還寒時，在狗狗習慣休息、睡覺的地方，鋪上柔軟溫暖的墊子、毯子或棉被，讓牠們能安穩休息。不過，主人要仔細觀察狗狗的反應，適度調整毛毯或棉被的擺放位子。假如狗狗躺在毯子上不斷喘氣，代表牠覺得太熱了，通常會自行換到涼爽舒適的地方睡覺。因此，切勿在家中鋪上一大片地毯，尤其是老犬雖然怕冷，但如果躺在大地毯上，又拖著身子不易移動，反而會覺得更熱。

除了讓狗狗躲進睡窩裡取暖外，毛孩爸媽也可以開啟暖氣，或將門窗縫關小一些，提升室內溫度。但使用暖氣時，千萬要注意通風問題，切勿把家裡弄得密不透風。一般來說，夏天時，應避免讓狗狗睡在陽台或西曬處。到了冬天或天氣忽冷忽熱時，盡量別將狗狗的睡窩朝向門口或出風口，以免寒風直接吹向牠們，讓毛寶貝受寒感冒。

減少洗澡頻率並確實吹乾

秋冬天氣較乾冷，幫狗狗洗澡的頻率可從一週一次，調整為大約兩週一次。實際上，可視狗狗外出運動頻率與皮膚油脂分泌狀況決定。

每次幫狗狗洗完澡，務必要立刻用吸水毛巾將狗狗身體上的水分吸乾，並用吹風機將毛髮確實吹乾。在寒冷的冬天裡，如果狗狗全身溼答答，在家裡跑來跑去，很容易著涼感冒。

補充足夠水分溫開水，冬天依舊可以給予寒涼食物

冬天時，狗狗的活動量減少，喝水量也容易隨之變少。毛孩爸媽可以陪牠們多散步、玩玩具，增加運動量，刺激愛犬喝水的意願。狗狗運動和散步後，都會比較願意補充水分。

狗狗的消化系統和人類是不一樣的，狗狗的的消化軌道較短，也代表他們吸收食物的速度較快。很多狗狗是不介意吃冰的食物[19]，生冷食物消化速度會比較慢，但如果您家狗狗腸胃容易不適，也會建議在寒冬時避開較低溫的食材。不過相較溫度而言，狗狗比較在意食物的口感和味道大於溫度[20]。

寒流來襲時，幫狗狗保暖，避免著涼感冒，真的很重要！除了做好保暖措施外，還也可以幫狗狗補充營養，增強抵抗力，讓狗狗在多重保護下，度過一個健康、暖呼呼的冬天。

▶ 長毛吉娃娃 Kuma 冬天保暖

▶ 柯基犬哈嚕的睡墊

▶ 柴犬酷比睡睡墊

▶ 米克斯一飛睡墊休息

▶ 澳洲牧羊犬走走的睡墊

19 https://www.une.edu.au/__data/assets/pdf_file/0014/33620/rec-adv-2005-dog-water-paper.pdf
By Leana Le https://petcosset.com/can-a-dog-eat-cold-food-from-fridge/ Jan.25,2024

20 在二〇〇五年的文獻在11混種狗狗身上做了水溫15度、25度和35度的實驗，發現環境溫度（13度到27度）並不會影響狗狗選擇喝溫度較高的水，大部分的狗狗還是選擇15度的飲用水，但身體核心溫度較低的狗狗反而會選擇飲用溫度較較高的水，其實就跟人類有些喜歡喝冰水，而有些卻喜歡溫熱水一樣。

CHAPTER 3

住 安心的狗窩 是穩定情緒的避風港

狗狗居住小測驗

當家裡迎接狗狗新成員時，第一個會遇到的問題就是：適應新家！雖然狗狗的個性較貓咪更開朗活潑又大方，但更換新主人，面對新環境，身邊又都是不認識的陌生人，還是難免會感到緊張、害怕。這時，身爲主人，到底應該要如何幫助狗狗適應呢？請先玩一下「狗狗居住小測驗」，再看一下得分結果如何：

○ ×

1. 家裡空間一定要夠大，才適合養狗。
2. 狗狗天生是穴居型動物，喜歡又窄又暗的空間。
3. 狗狗窩在籠內啃骨頭，先別吵牠，等到牠不想啃時，再帶牠出去上廁所。
4. 狗狗需要大空間，住起來才會覺得舒服。
5. 狗籠不宜擺放在冷氣出風口、日曬處，以及浴室或大門口附近，以免狗狗無法獲得充分休息和睡覺。
6. 經過籠內訓練的狗狗，情緒比較平穩。
7. 狗狗吃喝拉撒等問題，都可以在籠子內直接解決。
8. 籠內訓練有助於狗狗養成定點上廁所的好習慣。
9. 定時帶狗狗出門上廁所，可養成狗狗規律生活好習慣。
10. 幼犬剛到新家，在家裡到處亂尿尿，一定要處罰牠、教訓牠。

解答在最下方。

計分方式：答對得 1 分，答錯得 0 分。

得分：

★ 介於 8 至 10 分：你能夠毫無保留地愛狗狗，並為牠的到來在家中預先做好準備。只要持續善用本書中所提到的技巧，新家將成為狗狗感覺最安全的地方。

★ 介於 5 至 7 分：你瞭解毛孩需要安心溫暖的狗窩，但仍存有一些誤解，這本書能幫助你和狗狗順利度過磨合期，邁向共同生活。

★ 4 分以下：當你把狗狗帶回家後，狗狗剛開始可能會不適應。參考這本書中的正確觀念和實用作法，加上肯付出耐心，相信狗狗很快就會感受到你的愛，並迅速適應新環境。正確觀念和實用作法，可以成為你的好幫手。

迎接家庭新成員，是一件令人開心的事。不過，由於毛小孩們既不會說話，也不懂得如何表達想法，如果是第一次當毛孩爸媽的新手，請務必要多點耐心和愛心，關懷及陪伴牠們，讓牠們盡快適應新居。

解答：第 1、4、7、10 題為「X」，第 2、3、5、6、8、9 題為「○」。

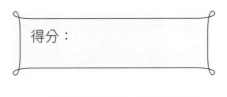

3-1 狗狗也需要安全感

毛孩爸媽平時一定要照顧到愛犬的感受，因爲狗狗的安全感來自於飼主。養了狗狗後，不只要確保牠們衣食無憂，更要關愛及陪伴牠們，讓牠們在充滿愛與安全感的環境中，健康長大，過得幸福快樂！

先確定狗狗缺乏安全感的原因

衆所皆知，狗狗是忠誠且重感情的動物。一旦遭到忽視或冷落，狗狗很容易覺得不安、不知所措。其實，狗狗沒有安全感，還有可能是其他原因所致。因此，對於愛犬缺乏安全感，毛孩爸媽應先找出確切原因，才能對症下藥。

通常，狗狗缺少安全感，常見原因包括：幼犬剛離開狗母親，到了一個陌生環境，例如飼主新家；或是狗狗生活環境突然改變、長期流浪、遭受虐待或傷害、缺少社會化訓練等。

如果狗狗是因爲年齡太小而沒有安全感，主人就要充當起狗媽媽的責任，經常陪伴、撫摸牠，對牠輕聲細語，溫柔以對。剛離開媽媽的幼犬們會在回家的第一週到第二週有機會出現鬼哭狼嚎的狀態，這時候請「務必」要狠下心忽略牠，讓狗狗慢慢學習可以一個人獨處，不然未來您可能會有機會創造出一隻對您有分離焦慮的狗狗。幼犬學習進入人類最好社會化的黃金時間是8到16週，同時也是最容易學習如何做好籠內訓練的最佳時期。對於剛帶回家的狗狗可以在牠的小窩裡，放上犬舍帶回來的毛巾或著柔軟的絨毛玩具，緩解牠不安的情緒。基本上，這種缺乏安全感的行爲，將隨著對環境的熟悉，以及對主人的依賴感加深，而逐漸消失。

另一種安全感缺乏，可能是因爲會遇過傷害所造成。狗狗和人類一樣，如果會經遭遇身體和精神上的創傷，都會留下後遺症。比方說，害怕、恐懼、憂鬱都會導致缺乏安全感。此時，主人需要更有耐心，用心照顧狗狗，並給予加倍的關愛。當狗狗感受到主人的愛，慢慢接受主人時，就能逐漸走出陰影，展開全新的生活。如果透過單純的照顧無法改善狗狗過度緊張的情緒，也可以尋求訓練師和行爲獸醫生[21]的幫助喔。

21 行爲獸醫生指本身擁有訓練師與獸醫生的執照，可以幫助狗狗給予一些安定的保養品、藥物，以及專業的建議。

運用味道，協助狗狗適應新環境

狗狗天生是穴居型動物，習慣居住在又窄又暗的洞穴。在從事狗狗行爲調整與訓練過程中，我常跟許多飼主開玩笑說：「人愛豪宅，狗喜好窄。」這句話的意思是，狗狗喜歡窩在適合牠體型大小的空間裡。這樣的狗窩，讓牠覺得有安全感，而且不論是大型犬或小型犬皆然。這就像是幼小的孩子喜歡躲在小紙箱裡玩耍。

此外，狗狗是靠嗅覺生存的動物。當牠出現分離焦慮或是擔憂恐懼時，會對陌生的氣味非常敏感。正因如此，狗狗換了新環境時，很容易感到焦慮不安，可能食慾不佳或沒有活力，甚至是生病[22]。這時，當務之急是幫助狗狗建立熟悉的氣味環境。

舉例來說，狗狗剛到新家時，建議可向前一位主人索取牠之前曾經用過的毛巾、玩具等。這些物品含有狗狗熟悉的味道，能讓牠覺得有安全感，有助於更快適應和融入新家的生活環境。但若幼犬的來源來自寵物店、收容所或繁殖場，可能就沒辦法這樣做。

當主人出門上班時，可以在家裡放一件穿過的舊衣服，但最好不要含有鈕釦，以免發生狗狗不小心吞下肚的意外。舊衣服上留有主人的味道，可代替主人在家中陪伴狗狗，或是鋪在狗窩內，讓狗狗聞著主人的氣味入睡。這也有利於增加狗狗的安全感。

接受過籠內訓練的狗狗，需要安心避風港

若是已接受過籠內訓練的狗狗，待在籠子裡，反而是讓牠覺得安心的環境。萬一發生地震，或是感到害怕時，狗狗可以衝進籠子裡避難。這時，可千萬別把狗狗硬拖出籠外，以免牠感到不開心，情緒不穩。

如果狗狗獨自窩在籠內啃骨頭，一啃就是長達2小時，毛孩爸媽也別逕自拿走骨頭，而是應該要引導牠自己走出來。啃咬骨頭，可以讓狗狗消耗體力，等到牠不想啃骨頭時，再帶牠出去上廁所。這就像一群朋友吃火鍋，吃得正開心時，一點也不希望被打擾。因此，假如狗狗在籠裡啃骨頭，啃得正開心時，千萬別打斷牠的行爲，否則很容易造成狗狗不開心，加深牠想待在籠內啃骨頭的渴望，甚至出現護食行爲。

迎接家中新成員，是一件令人開心的事。但因狗狗不會說話，也不懂得如何表達自己的心意。所以，主人一定要以無比的耐心來對待狗狗，用愛包容狗狗，並盡量抽空陪伴在牠身邊。如此一來，狗狗便很快能適應新居，開心愉快地生活。

---

22 By Cathy Madson, MA, FDM, CBCC-KA, CPDT-KA https://www.preventivevet.com Aug. 8, 2023

3-2 打造愛犬的專屬空間

打造一個專屬空間，讓毛小孩覺得安心又舒適，並接受籠內訓練，有助於減少牠在成長過程中出現各種問題行爲。畢竟，金窩銀窩都不如讓狗狗安心的狗窩。因此，毛孩爸媽在準備狗窩時，應該謹記：最重要的是，狗狗必須能住得安心，並且喜歡自己的「家」。

準備安心窩，陪伴毛孩長大

每個人都希望新居裡會有一個舒適又安全的地方可以入睡，而狗狗亦然。對狗狗來說，這個安心窩可以位於主人臥室或工作間，或者只是客廳角落或桌子底下的一張小床。

如果你帶回家的是一隻幼犬，除了狗籠外，適當大小的圍片空間也是不錯的選擇。只要主人細心引導，就可以變成狗狗最愛的地方。籠子或著圍片裡可以放一張小床，或用小毯子、棉被充當床，再擺放狗狗喜愛的玩具，或是耐啃咬的東西。

在飼養初期，爲了方便幼犬記住自己睡覺的位置，同時又不感到寂寞，主人可以把牠的籠子或作爲房子的圍欄安放在客廳角落，讓牠可以和家人互動。但應避免將狗籠放置在冷氣空調出風口、太陽直射之處，以及進出較頻繁的門口附近，譬如浴室或大門。由於狗狗的警覺性高，一有風吹草動，會讓牠即使待在籠子裡，也無法安穩休息。

狗狗和人類一樣，每天都需要充分的休息與睡眠。如果主人不介意的話，建議最好把狗籠放在主人的臥室裡，因爲那裡比較安靜，狗狗較能安心睡覺。不過，前提是飼主房間要夠寬敞，否則想要在12到15坪套房裡養3隻哈士奇，可能窒礙難行。如果狗籠擺放在客廳角落，到了晚上，可用一大塊布將狗籠蓋上，讓狗狗早點休息。

做好籠內訓練，安定狗狗情緒

狗狗是穴居型動物，天生就喜歡待在洞穴裡休息，洞穴就像是牠專屬的小房間。即使狗狗現在已逐漸演化成爲家犬，也沒有洞穴可以住了，但其實還是具有穴居的天性，需要一個不受打擾的狗窩。狗狗喜歡有自己可以獨處的小空間，卻不想被處罰式的關在裡面，這時主人可以

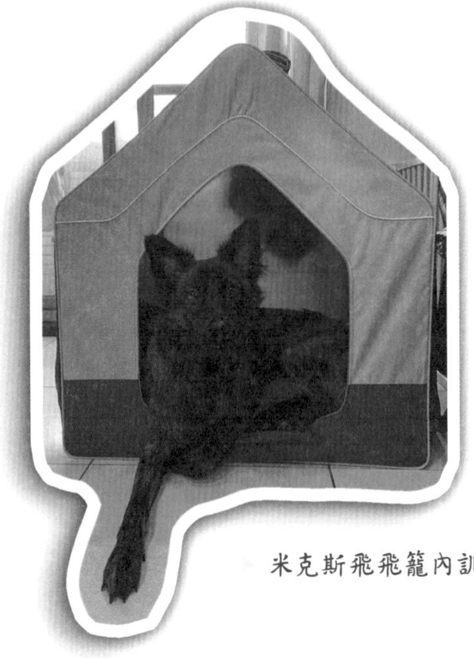

米克斯飛飛籠內訓練

透過籠內訓練，替狗狗創造屬於自己的「洞穴」。

狗狗及早接受籠內訓練的目的，在於：讓牠能習慣待在籠子裡，對籠內的空間感到安心、有歸屬感，把狗籠當成自己的避風港，減少狗狗發生分離焦慮、破壞行爲、神經質，以及住宿關籠的不適應情形。

對狗狗來說，籠子是牠們休息、安定情緒的避風港。畢竟，狗狗一輩子有太多機會需要待在籠子裡。因此，若能做好籠內訓練，不僅對狗狗有益，對主人管理上也是助益良多。

舉例來說，平時要帶狗狗搭飛機、高鐵、火車、汽車或長途旅行，狗狗最好先經過籠內訓練，比較不會出現暈車或不安等現象。受過籠內訓練的狗狗，通常較能習慣坐在推車內，陪著主人去逛百貨公司。

此外，狗狗生病、洗澡美容，甚至寄宿狗旅館，也都需要好好待在籠子裡。萬一發生地震、颱風或龍捲風等天災，或是台灣常有打雷、鞭炮等意外聲響，狗狗覺得害怕或有壓力時，可以躲進籠子內，反而比較安全，甚至可在危急時刻救了牠們一命。

假如主人白天出門上班8、9個小時，或是臨時有事外出3、4個小時，擔心狗狗可能會亂咬家中的電線、抓破沙發等，這時就可以先把狗狗安置在籠子，確保牠待在籠裡是安全的，而且家裡的環境也是安全的。

▶ 柯基犬 Cola 在圍欄內

這就像是許多媽媽或阿嬤忙於家務時，先將幼兒放在圍欄內玩耍，具有保護孩子的作用。

如果平時任憑狗狗在家裡到處睡，未接受過籠內訓練，等到要帶狗狗去看獸醫、結紮、洗牙，甚至住院時，狗狗可能不願意被關進籠子裡，讓醫療行爲無法好好進行。因此，建議主人平時要先在家裡讓狗狗住進籠子裡，接受籠子，情緒會比較平穩。但切記，即使主人不在家，也不可以把狗狗關上一整天，以免狗狗直接在籠裡大小便。

增強狗狗對籠子的正面聯想

很多飼主可能覺得要把狗狗關進籠子裡很困難，但其實只要把握一個基本原則：增強狗狗對籠子的正面聯想，就能順利進行籠內訓練。像我之前養了三隻毛小孩，包括16歲的柯基犬Cola、7歲澳洲牧羊犬滾滾和2歲的走走。牠們都有自己的狗籠，而且每天住得既開心又舒服。

籠內訓練的首要任務，就是讓狗狗習慣籠子的存在，並且建立正面連結。例如，每次陪牠玩時，或是餵零食的時間，就把籠子拿出來擺在旁邊，結束時就收起來。重複此行爲一至兩週，狗狗就會逐漸把籠子與好吃、好玩的事物連結在一起。之後，每當看到主人拿出籠子，牠就會感到興奮又開心。

等到狗狗習慣有籠子在身旁時，主人可以試著把獎賞的零食放進籠內，讓狗狗知道進籠子就可以享受最愛的零食。這時，籠子門必須保持開啟，讓牠可以自由進出。等到狗狗願意走進並乖乖待在籠裡，主人要適時給予口頭讚美及實質獎勵，讓狗狗覺得待在裡面，是一件美好的事，也會讓主人開心。

接著，逐漸增加進籠的時間，也可以慢慢把門關上，從幾秒鐘慢慢增加至數分鐘，甚至是數小時，讓牠習慣待在籠子裡。主人也可以在籠子裡擺放飼料、水、可啃咬的玩具或骨頭，讓狗狗習慣在籠裡吃飯、喝水、睡覺、玩耍。

Miki 小叮嚀

多陪伴狗狗，而非一直把牠關在籠裡

狗狗缺乏安全感，大多數的原因出自於主人陪伴時間不多，關愛不足！狗狗猶如永遠長不大的小孩，既然你決定要飼養牠，牠就已成為你的家人，你應該為牠的到來，在家中預先做好準備，並且照顧牠、呵護牠一輩子。因此，建議每位飼主應該先想清楚，確保自己有時間、也願意花時間陪伴毛小孩，才養牠，而不是一直把狗狗關在籠裡。

當狗狗主動進入籠內，並能在裡面自在地吃零食、玩玩具及啃咬骨頭時，代表牠對籠子有安全感，不會再害怕外出時必須被關在籠內。籠內訓練成功後，主人在家時也可以就不用把籠子門上鎖，讓狗狗想休息或睡覺時，隨時都可以自由進出。

最重要的是，要讓狗狗覺得籠子是令牠開心的地方。進入狗籠內，會有好事發生，讓狗籠與正面、快樂的事情產生連結，而不是牠不乖時，就被關進籠內，讓牠心生恐懼，聯想到負面的事情，或是覺得被關進籠內是一種處罰，只能隔著籠子與主人互動。這就像傳統的教養方式是小孩子不乖時，會被關進廁所裡。

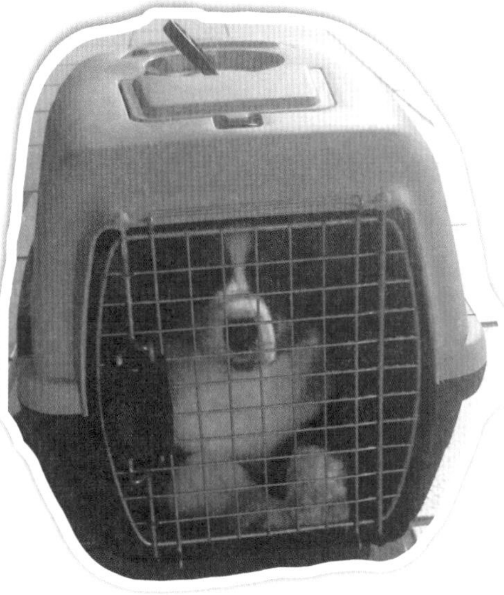

澳洲牧羊犬滾滾籠內訓練

有些飼主可能會將籠子當作狗狗不聽話的處罰工具。某一位學員買了兩個籠子，分別用於洗澡美容和就醫，她家的狗狗就非常討厭看醫生的那個籠子，所以千萬不要有特別待遇，讓狗狗們知道只要進籠子都是最棒的。

因此，讓狗狗喜歡籠子，覺得「這個籠子很舒適，待在裡面又安心」，這點很重要。如果勉強把牠關進籠裡，或是只有外出時才把牠關進籠子，那麼狗狗會覺得「籠子是一個被關起來的地方」，連帶討厭籠子。在籠內訓練過程中，主人應善用給予點心或玩具等獎勵的同時，讓狗狗留下「待在籠子裡會有好處」的好印象。

黃金獵犬 Oriane 準備坐飛機

3-3 環境維護與管理：幫狗狗鏟屎、帶狗狗外出定點大小便

籠內訓練有許多好處，其中之一即爲可藉此教導狗狗養成定點定時上廁所的好習慣。因爲如果沒有確實做好如廁的訓練，狗狗可能會在家隨地大小便，把屋子弄得一團糟，讓主人傷透腦筋。

善用籠內訓練，教導狗狗定點排便

一開始進行籠內訓練時，我通常會先給飼主一張定時用餐與排便表。毛孩爸媽必須詳細記錄狗狗在48小時內吃飯、大小便時間。例如，早上7點吃飯，7點15分排便，7點35分尿尿。如此一來，主人便可清楚掌握狗狗的日常生活作息。但須提醒的是，記錄時應先控管狗狗喝水和上廁所時間，才能看得出生活作息的規律性。

所謂定點上廁所，若是在家裡，可以選擇尿布墊，或是引導狗狗到浴室裡尿尿。建議最好不要幫狗狗包尿布，如果只是貪圖一時方便，恐怕後患無窮，以後狗狗很難學會在定點上廁所。

此外，有些狗狗從未接受過籠內訓練，原本可能已習慣在草地上尿尿。到了新家之後，主人要求牠在尿布墊上或浴室內上廁所，狗狗一開始可能不明白廁所或尿布墊是可用來排尿的地方，得要經過一段時間訓練後，才能適應定點上廁所。

廁所表單	尿尿		便便		玩樂		睡覺	
時間	第一天	第二天	第一天	第二天	第一天	第二天	第一天	第二天
5:00-6:00								
6:00-7:00								
7:00-8:00								
8:00-9:00								
9:00-10:00								
10:00-11:00								
11:00-12:00								
12:00-13:00								
13:00-14:00								
14:00-15:00								
16:00-17:00								
17:00-18:00								
18:00-19:00								
19:00-20:00								
20:00-21:00								
21:00-22:00								
22:00-23:00								
23:00-24:00								
24:00-1:00								
1:00-2:00								
2:00-3:00								
3:00-4:00								
4:00-5:00								

雖然狗狗並非只能在戶外上廁所，但假如牠養成在家裡到處撒尿拉屎的壞習慣，除了搞得滿屋尿騷味很難聞外，狗狗下次還是會循著尿液的痕跡和氣味，反覆回到原處小便。

因此，訓練狗狗定點大小便的方法，是將沾有狗狗尿漬的尿布墊，放在廁所內。狗狗會聞著味道，到指定的地點小便。一旦狗狗做對了，就給牠吃零食，獎勵牠。如此重複幾次，加上有零食誘導，相信狗狗很快就學會定點大小便。

此外，狗狗最好也可以同時學會在室內、室外都可以定點上廁所，尤其是年紀大之後，可能行動不便，或是居住在北台灣地區，天氣容易溼冷或常下雨，無法讓狗狗每天都到戶外上廁所。儘管狗狗可以憋尿，但憋尿時間太長，不僅會增加泌尿道疾病的風險，也會讓狗狗精神緊繃，變得緊張兮兮。在我遇過的飼主中，有些人即使碰到颳風下雨，也不畏風雨，穿起雨衣，帶著狗狗衝到戶外上廁所，讓狗狗順利解決生理需求。

若希望狗狗（尤其是幼犬）養成定點大小便的好習慣，毛孩爸媽必須非常勤快。假設主人在晚上12點上床睡覺，一定要先設好鬧鐘，在凌晨2到3點時起床，帶狗狗去尿尿，而且必須是定點上廁所。否則，狗狗一旦憋不住了，肯定會直接尿在籠裡。另外，狗狗睡前2小時應避免喝水，確保狗狗進籠內睡覺前和睡醒後，都要帶牠出來尿尿。這些重點與養育嬰幼兒的過程幾乎如出一轍，如果您的狗狗已經超過六個月的年齡，牠們也可以比較容易睡過夜不需要再這麼辛苦半夜起來2到3次。

毛孩隨地大小便，千萬別打罵

雖然幼犬無法控制排尿頻率，但毛孩爸媽可以謹記：1個月大的幼犬，通常每隔1小時就要上廁所一次；2個月大的幼犬，每隔2小時尿尿一次；3個月大的狗狗，每隔3小時排尿一次……；依此類推，排尿的間隔時間將逐漸拉長。6個月大的成犬，通常每隔6到8小時外出上廁所。老犬的膀胱因尿道括約肌無力，也稱爲膀胱括約肌。當該區域的肌肉退化時，膀胱括約肌就會變得虛弱，導致膀胱控制能力下降和漏尿。可能需要每隔2到6小時尿尿一次，這時候就會推薦可以使用尿布來保持毛孩身體的乾爽[23]。

23 https://www.pethonesty.com Sep.14 2020

▶ 長毛臘腸 Stitch 戶外尿尿

換句話說，狗狗每隔一段時間就要到定點上廁所。如果狗狗不習慣在室內解決生理需求，就會一直憋尿，直到主人回家帶牠出門方便。

有些幼犬剛到新家，因尚未養成定點上廁所的習慣，可能會在家裡到處亂撒尿。主人看到時，應盡快將現場清理乾淨，避免留下味道，下次狗狗就不會在相同位置尿尿。一般來說，稀釋過的漂白水、香水，對於除去尿騷味的效果較低，建議最好使用可專門消除狗尿味的清潔劑，多次擦拭狗狗尿尿的地方即可。

當看到毛孩在家隨地便溺時，主人千萬別打罵或處罰她。這就像小孩子尿床，爸媽

Miki 小叮嚀

訓練狗狗定點上廁所，是主人必經的修練

幼犬或是剛領養的狗狗在家亂尿尿，是很常見的事情。因此，訓練狗狗定時定點上廁所，是每位飼主必經的修練。籠內訓練很適合用來教導狗狗定點大小便。不過，在訓練過程中，狗狗可能會哭叫、吵鬧。這是過渡期，主人必須堅持下去，暫時忽略狗狗的不適感。另也要提醒毛孩爸媽千萬別老是宅在家裡，懶得帶狗狗出門定點大小便。因爲狗狗一旦從小都在籠裡吃喝拉撒睡，屆時整間房子可能都充斥著尿騷味，就連主人自己都會受不了。

會處罰或斥責，只會產生反效果。基本上，狗狗尿尿的行爲本身並沒有錯，而是錯在於選擇不對的地方上廁所。如果處罰狗狗，牠會以爲尿尿是錯誤的行爲，以後可能會躲起來尿尿。因此，毛孩爸媽必須教導愛犬不要犯錯，並增強牠到定點上廁所的正確行爲。

每天勤換水，每餐清理狗碗

狗狗在家裡活動時，可能會掉毛、有異味。有些毛孩爸媽難免會煩惱養狗的同時，如何維護居家環境乾淨與整潔？

基本上，家裡養狗時，即使再怎麼不喜歡狗味，也不能每天幫狗狗洗澡。太常洗澡，反而會傷害牠們的肌膚。但若是爲了維護居家環境乾淨與整潔，建議飼主可在每個房間內擺放一台空氣清淨機或循環扇，特別是北部如宜蘭或淡水等較溼冷的地區，可再加上除溼機，讓空氣對流，室內保持乾燥，以免溼氣影響狗狗的皮膚。

而狗狗的專屬碗、水盆、狗骨頭及玩具等用品，需要多久清洗一次？原則上，在狗狗吃完每一餐後，應立即清理狗碗。因爲狗狗的口水可能含有細菌，加上狗狗習慣舔碗，如果用久了，都不清洗狗碗，碗底摸起來會油油滑滑的，可能會殘留細菌，導致狗狗生病。

毛孩爸媽除了必須每天清洗水盆外，也應每天勤換水，或使用寵物飲水循環機，讓狗狗可以喝到乾淨的水。狗骨頭通常是經過乾燥處理，無須特別清洗。假如狗狗啃咬一段時間後，就不再感興趣，擺放在一旁也置之不理。經過兩、三天後，主人就可以把狗骨頭直接丟掉，千萬別再收起來，以免發霉。其他適合狗狗啃咬的零食如馴鹿角、牛蹄角，因為經過風乾和殺菌處理，通常可放上幾個月。

博美糖糖啃咬骨頭

CHAPTER 4

行 運動有益狗狗身心健康

狗狗運動小測驗

養狗人士少不了會跟愛犬一同散步，不只能活絡筋骨、舒展身心，還能增進彼此間的感情。國外研究也指出，毛孩爸媽與愛犬一起散步，能使人與狗狗在精神上更快樂，並激勵彼此間有更多的互動。但帶狗狗出門散步或運動，還有哪些注意事項呢？請先玩一下「狗狗運動小測驗」，再看一下得分結果如何：

○ ×

- ❶ 狗狗一天需要的運動量，與品種、犬齡、體型、健康狀況有關。
- ❷ 狗狗每天只要散步 10 分鐘，就能獲得滿足。
- ❸ 狗狗過胖，要帶牠出去跑上 1、2 個小時，才有助於減輕體重。
- ❹ 狗狗如果不運動，長期下來就會肌力退化。
- ❺ 所有狗狗天生就會用狗爬式的姿勢游泳。
- ❻ 即使狗狗過胖，或是關節疼痛的老狗，也很適合游泳。
- ❼ 帶狗狗外出散步或運動，看到狗狗亂咬樹枝、樹葉或檳榔渣，一定要馬上制止。
- ❽ 帶狗狗外出散步，一定要幫狗狗繫上牽繩、胸背帶，以免發生意外。
- ❾ 帶狗狗到山區露營，要準備保暖衣物，避免牠們感冒受寒。
- ❿ 狗狗剛奔跑完或劇烈運動後，要馬上喝冰水，才能解熱，預防中暑。

解答在最下方。

計分方式：答對得 1 分，答錯得 0 分。

得分：

★ 介於 8 至 10 分：你非常清楚知道運動對狗狗健康的好處，也很願意帶狗狗外出運動，是很稱職負責的主人。只要持續善用本書中所提到的建議，狗狗將能保持身心健康。

★ 介於 5 至 7 分：你瞭解毛孩需要每天運動，但仍存有一些誤解。這本書能幫助你找到適合狗狗運動的方式和運動量，讓牠保持健康體態、精力充沛並感到快樂。

★ 4 分以下：運動對任何年紀的狗狗都是必須的，就像遛小孩，狗狗也需要每天都出門放風。參考這本書中的正確觀念和實用作法，可幫助你和狗狗養成規律運動的好習慣。

想讓愛犬活得更健康、更快樂，一定要帶牠多運動。建議可多嘗試不同的方式，例如追球或丟接遊戲，與狗狗互動。而且養狗狗的好處是可以讓主人每天都規律運動，並在與狗狗玩耍的時光中，釋放生活壓力，提升幸福感。

解答：第 1、4、6、8、9 題爲「○」，第 2、3、5、7、10 題爲「X」。

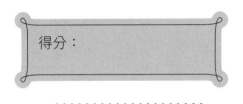

4-1 怎麼評估狗狗一天需要多少運動量？

運動有益身心健康，這道理對狗狗而言，同樣適用。很多毛孩爸媽都明白運動的重要性，也深知運動對毛孩的好處多多，包括提升抵抗力、舒緩壓力、減肥，以及強化肌肉等。可是，狗狗一天究竟需要多少運動量，才能維持健康的體力、強壯的肌肉呢？

狗狗運動量因品種而異

其實，狗狗一天需要的運動量，與品種、犬齡、體型、健康狀況有關。首先，以犬種作爲考量，不同品種的狗狗，活動力自然不

柯基犬嚕米亞玩飛盤

同，所需要的運動量也不同。

狗狗的品種，主要與當初培育的目的有關。不同的犬種各有其祖先傳承，適合擔任工作的特性和外貌，有的犬種能幫忙畜牧、放羊，有的則是幫忙狩獵等。在國外，許多愛犬團體都有自己的犬種分類方式，常見有畜牧犬、狩獵犬、獵鳥犬、梗犬、玩賞犬、嗅聞犬、視覺犬等等。

以黃金獵犬[24]爲例，屬於拾回獵犬的一種，最初是爲了配合射擊、狩獵而培養出來的中大型獵犬，善於爲獵人尋回獵物，如鴨子和其他水禽，叼咬物體時能做到不將其損壞，適合用來幫助獵人尋回被擊斃的獵物。由於經常需要在水中尋找獵物，黃金獵犬天生就很喜歡游泳，而且運動量極高。

又如邊境牧羊犬[25]具強烈的牧羊本能，精力充沛、體格短壯，加上極度聰明的頭腦，所以很適合擔任放牧、照顧羊群等工作，但

▶ 柯基犬嚕米亞玩球

24 By AKC https://www.akc.org/dog-breeds/golden-retriever/
25 By AKC https://www.akc.org/dog-breeds/border-collie/

同時也代表邊境牧羊犬需要大量的運動和遊戲時間，才能滿足其基本體能。一旦邊境牧羊犬的體力無法獲得發洩，就像小孩「放電」不足，很可能就會發生破壞物品、追車等行爲。

因此，即使與人類相處，生活方式改變，但運動量需求高的狗狗仍保留原本應有體能的天性，需要飼主每天花多一點時間陪伴散步、爬山或運動，才能消耗體力、維持健康和良好的情緒。

相反的，吉娃娃犬、瑪爾濟斯犬、西施犬等玩賞犬，外型嬌小可愛，體力較差。法國鬥牛犬、英國鬥牛犬、巴哥犬、波士頓梗犬等短吻犬，扁扁的臉、短鼻子，加上一雙無辜的大眼，讓人看了超想疼愛牠。但因口鼻部短小且距離較近，天氣太熱的話，容易喘不過氣來，所以運動量需求較不高。這兩類的狗狗，適合比較宅或不愛運動的主人飼養，只要花30至60分鐘陪伴，就足以消耗精力。

觀察狗狗反應，評估運動量是否足夠

此外，狗狗所需的活動量也與牠們的年齡、體型、健康狀況有關。狗狗的體力會隨著年齡增長而逐漸下滑，有些體型過於龐大、健康狀況不佳，也可能會讓狗狗不像過去那樣喜歡運動，有時運動甚至會讓牠們感到不適及痛苦。

因此，如何評估狗狗一天的運動量是否足夠，可以在散步回家後觀察狗狗的行爲表現。假設今天帶狗狗出去運動2到3小時，狗狗回家後還是瘋狂亂衝亂跳，代表精力過剩、體力消耗不足。反之，若狗狗看起來心滿意足，感到平靜放鬆，而且之後只要當主人一拿起牽繩，準備帶牠們出門時，就顯得非常開心，則表示這樣的運動量符合狗狗的需求。

狗狗不運動，也會肌力流失

狗狗與人類一樣，需要運動，才能鍛鍊出肌肉，維持生活機能。但如果狗狗成天關在家裡，毛孩爸媽平日無暇陪牠們玩耍，假日也沒空帶牠們出門散步、爬山或運動，毛孩們很容易發生肌肉流失的問題，嚴重的話可能會造成肌少症。

我在美國念書時，曾養過柯基犬[26]。體型腿短身長的柯基犬，屬於牧羊犬但卻是最古老的牧羊犬種，負責牧羊、鵝、鴨和牛。雖然腿短，但動作相當敏捷，加上精力充沛，所以需要大量活動。平時最好常讓柯基犬到戶外運動，消耗精力，以免運動量不足，容易養成胖胖的身材。

萬一狗狗過胖，千萬不能直接帶著出門跑上2、3個小時，就期待狗狗會變瘦。正確的觀

26 By AKC https://www.akc.org/dog-breeds/pembroke-welsh-corgi/

念應該是，先減少進食量，同時提高運動量。假如平時散步30分鐘，就慢慢增加散步量到1小時。即使體重下降後，仍要持續控管飲食量，否則狗狗太胖會讓關節負荷過重，造成不適感。

我有位客人是馬拉松選手，每天至少跑半馬21公里，而且還會帶著愛犬一起跑。可是，狗狗的關節最後承受不了如此龐大的運動量。因此，要特別提醒毛孩爸媽，如果過度運動，容易使狗狗的關節和軟骨磨損，千萬要小心。

可是，狗狗太久沒運動或年紀大了，肌力也會逐漸流失。飼主可從狗狗走路愈來愈慢、無法走太久或太遠、趴下來的次數變多，以及脊椎和四肢關節慢慢退化等跡象，來判斷狗狗的肌力正在流失中。

強壯的肌肉需要規律運動來維持，無論是定時散步、奔跑、玩耍，都有助於增加狗狗的肌肉，並延緩狗狗的肌力流失。因此，決定養狗之後，就要照顧牠、善待牠，願意每天帶家中毛孩到戶外散步及運動，確保狗狗每天都能獲得足夠的運動量。

評估主人狀況，例如宅男宅女、喜歡戶外運動的人，適合或不適合養什麼樣的狗狗。

如果您超級無敵沒時間照顧自己又覺得帶狗出門很麻煩，受不了戶外運動的人類，完全不建議您飼養任何動物，就算是一隻小魚也需要花時間養水質和定時餵食與清理水池。

如果您喜歡狗狗也願意照顧，但無法長時間嘗試戶外休閒運動，可以考慮體力較一般的狗狗，例如：法鬥、英鬥、巴哥、瑪爾濟斯、吉娃娃等較爲小隻以及不需要長時間消耗體力的品種

如果您超愛戶外運動、體驗生活也願意嘗試帶著狗狗上山下海的，可以選擇的品種相就會比較多，您也可以依照自己的個性去分析適合自己的品種，牧羊犬了類就是您的腦子要動的比牠們快，才不會被狗狗反過來訓練，梗犬類雖然偏固執但喜好分明的個性也常常深得人心，也有人喜歡原始犬種例如柴犬、哈士奇、狐狸犬這些沒有因爲時代進化而在外表有太多改變的狗狗。

品種 / 宅指數	一顆星	兩顆星	三顆星	四顆星	五顆星
邊境牧羊犬	V				
柯基犬	V				
法鬥					V
博美犬					V
吉娃娃					
柴犬		V			
貴賓			V		
黃金獵犬		V			
米克斯	V				
哈士奇	V				
巴哥					V
雪納瑞		V			
馬爾濟斯					V
約克夏			V		

4-2 選擇適合狗狗的運動方式

適量的運動，對所有狗狗而言都有其必要。無論是在庭院或室內一起玩耍，或是到公園散步、慢跑，甚至是玩水、游泳或在沙灘上丟球，都是很適合狗狗的運動方式。毛孩爸媽只要讓狗狗定期運動，就能幫助牠們保持健康體態、精力充沛，並感到幸福快樂。

散步、慢跑是最簡單的運動方式

狗狗是愛玩耍的動物，喜歡在戶外活動、探索及奔跑。因此，對飼主和狗狗來說，散步和慢跑是最簡單、也最方便的運動方式。雖然不同品種的狗狗需要不同的運動時間，但每天早晚快走30分鐘，不僅是最基本的運動量，還可以幫助狗狗訓練腿部及身體核心肌肉群的力量。

散步是毛孩爸媽最常選擇的一種運動。每天帶狗狗出門散步，不只是爲了曬曬太陽、呼吸外界的新鮮空氣，還能增進飼主和狗狗的感情。只要別讓狗狗在散步時暴衝、狂跳，按照正常速度慢慢走，就能達到減少肌肉衰退的機率。而且任何距離的步行，都有助於促進狗狗的身心健康。即使是年紀大的老狗，也建議每天適當的散步，有助於延緩肌力退化。

如果要帶著狗狗一起跑步，最好以慢跑爲主。時間上建議選擇淸晨或傍晚較好，每次跑步時間不要太短、也不宜過長。不過，要帶著狗狗跑步，並不是一件容易的事情。

如果狗狗患有疾病，就不適合帶著陪跑。尤其是已經步入老年的狗狗，最好不要帶出去跑步。另外，短吻犬之類的狗狗較不耐熱，過度激烈奔跑可能會造成牠們換氣不順、呼吸困難，飼主要特別注意。

除了散步及慢跑外，偶爾在家裡或公園裡玩「你丟我撿」類玩具，具有變化性和趣味性，同樣也可以達到運動效果，還能增進飼主與狗狗之間的感情。

狗狗適合游泳？因品種而異

游泳對狗狗來說也是一種不錯的運動，而且好處多多，包括能鍛鍊肌肉、維持體態等。即使狗狗過胖，或是關節疼痛的老狗，也很適合游泳，因爲水中的浮力可以減輕狗狗的關節壓力，降低老化帶來的關節不適感，同時訓練狗狗對身體控制的能力，還能提升肌力。

柯基犬佛朗基游泳玩玩具

但請注意，並非所有狗狗都擅長游泳。很多人存有迷思，誤以爲狗狗天生就會用狗爬式的姿勢游泳。當然，黃金獵犬、拉不拉多、標準型貴賓犬等，都是識水性高的犬種，天生就是游泳健將。牧羊犬反而不喜歡接觸水，除非在牠年紀還小時，主人經常帶牠去玩水。不過，像我養的澳洲牧羊犬「滾滾」和「走走」，因爲從小接觸水，就很享受游泳的樂趣。

有些狗狗比較不識水性，譬如西施犬、巴哥、法鬥等短吻犬。因爲天生身形，加上呼吸道較短的關係，游泳對牠們來說比較吃力。短吻犬或老狗游泳時，若擔心牠們的鼻子可能會進水或嗆到，可搭配穿上狗狗專用的救生衣，以防意外發生。

在還沒嘗試游泳前，很多狗狗第一次下水時，難免會緊張、害怕。毛孩爸媽應先了解狗狗的個性，別一味的認爲所有狗狗都會游泳，任意將牠們丟入水中，命令牠們游泳，這樣反而會造成反效果。建議毛孩爸媽在一旁陪伴、看顧著狗狗，讓牠們感到安心。一開始可循序漸進地讓狗狗習慣玩水，評估狗狗狀況沒問題後，再慢慢地試著訓練游泳，然後增加游泳的運動量。

熱愛追逐移動的物體是狗狗的天性。主人可以丟球、飛盤或各種物品到水中，讓狗狗有目標可以來回撿拾，並與主人互動、玩樂，藉此提高運動量。狗狗會在水裡玩一玩，在陸地上跑一跑，並且上廁所。運動後短暫休息，再給狗狗喝充足的水。

在台灣，現在除了山上溪邊、海邊之外，台北、苗栗、台南及屏東等地也有不少專門爲狗狗設計、無添加氯等化學藥劑的游泳池，讓喜愛游泳的狗狗能放心地遊玩。狗狗游泳一分鐘等於跑步四分鐘，可以增加心肺功能外，對於一些肥胖的狗狗也可以透過游泳減輕關節壓力，達到增肌減脂的優質好運

▶ 澳洲牧羊犬滾滾走走水裡玩玩具

動[27]，不過，選擇泳池時，水的深度要足夠，不然只是戲水而已，無法達到運動的效果。

水上活動適合毛孩夏日消暑

這1、2年，帶狗狗玩水、從事水上運動，愈來愈受到毛孩爸媽歡迎。我也常呼群引伴，帶著狗狗前往台灣各個水域，足跡遍及高雄、墾丁、苗栗、宜蘭等地，有到海邊、公開水域，也有去狗狗專屬的游泳池。

陪狗狗一起玩水、游泳、玩SUP等水上運動，是毛孩爸媽與狗狗在夏日消暑的最佳休閒活動。水上運動對狗狗來說好處多多，最重要的是能跟主人一起消暑玩樂！

但讓狗狗從事水上運動，首要之務是讓

Miki小叮嚀

從事戶外運動，安全第一

基本上，只要狗狗打完第一劑，再過7天之後，就可以正常生活、出門玩耍及運動（不過避免接近不認識的狗狗、環境髒亂太多遊蕩犬隻的區域、死湖死水等地區）。但帶狗狗出門從事跑步、游泳等戶外活動之前，須注意安全第一。若狗狗身體有狀況或年紀較大，最好先與獸醫師溝通，徵詢專業意見後，再評估適合的運動量與方式。

牠們感到安心、自在及放鬆，所以相關設備絕不可少，例如幫狗狗準備救生衣、訓練用的長牽繩。毛孩爸媽應帶愛犬從狗狗專屬游泳池玩起，之後再前進公開水域、海邊，切記不可貿然將狗狗丟進水裡，那不會有「驚喜」，只會有「驚嚇」！

SUP立槳也很適合狗狗運動。我曾帶狗狗到高雄蓮池參加SUP活動，讓狗狗穿上救生衣，套上牽繩，以防萬一，也可以丟物品到水裡，讓狗狗跳下去撿。還有戴著狗狗到花蓮溯溪，一起爬上爬下享受自然生態和森林浴。

特別要留意的是，主人帶狗狗在夏日玩水，不要因爲玩得太投入，忘記補充水分，尤其參加海水相關活動，結束後必須給予大量飲用水避免造成拉肚子等情況。從事水上運動的最大好處，乃是大多數狗狗不諳水性，興奮、疲累程度都遠遠超過陸地上運動，晚上可以睡得更深沉、更香甜！

---

27 Dr. James St.Clairhttps://topdoghealth.com/the-top-5-benefits-of-swimming-for-dogs/

4-3

狗狗每天都需要外出散步

狗狗外出散步，除了運動之外，還有其他更重要的意義，包括活化大腦神經系統、身心紓壓放鬆、加深與主人之間的親密聯繫，以及學習社會化等。

基本上，狗狗的散步需求，與體型、品種、犬齡無關。所有的狗狗都需要出門透氣，畢竟主人在外上班上課時，狗狗已經在家裡關了一整天，所以更需要出門放風、消耗精力。而且每次外出散步至少要30分鐘，讓狗狗到外面聞聞這個世界的味道。如果出門散

柯基犬嚕米亞玩球

步只有10分鐘後就回家，狗狗將無法獲得滿足，回到家後恐怕會搗亂、亂啃亂咬，到處搞破壞。

滿足幼犬口腔期，可避免長大後亂咬

幼犬換牙或正值「口腔期」時，會用嘴巴探索這個世界，就像嬰兒一樣，看到什麼就放進嘴巴裡。如果覺得不好吃，自然會吐出來。因此，若能滿足狗狗的「口腔期」，狗狗長大後就比較不會亂咬東西。

▶ 澳洲牧羊犬滾滾咬玩具

毛孩爸媽帶狗狗外出散步或運動，倘若看到狗狗亂咬樹枝、樹葉、石頭等天然物品，千萬別制止牠。假如主人常對狗狗說：「這個不行啃，那個不行咬。」回到家後，又沒有提供啃咬食物給狗狗，這樣反而會增強狗狗亂啃、亂咬的壞行爲，甚至會把不適當的東西吞下肚，因爲當狗狗正在啃咬您的專屬物品時，您給予的反應極大，會讓狗狗誤以爲主人也喜歡那個東西，要跟牠搶食，或是牠以爲這樣做，才能得到主人關愛的眼神。

我曾遇過飼主帶著黃金獵犬來教室上課。整個過程中，這隻黃金獵犬不斷地亂咬主人的私人物品或是不應該咬的東西，希望引起主人的關注。因爲牠發現只要亂咬東西，主人就會用極大的動作和音量來制止牠、關注牠。

另一位飼主養了一隻2歲的薩摩耶犬，體型比黃金獵犬還要龐大。主人帶牠出門散步，每次都只有短短的10分鐘，而且並非每天都外出散步。結果發現，狗狗開始出現會吞食玩具、襪子、非食品類的用品，因爲在生活中情緒沒有得到滿足，而產生壓力出現異食癖的行爲。

還有位飼主一看到愛犬外出散步時，亂咬檳榔渣、菸蒂，馬上從牠的嘴裡把它挖出來。其實，這反而會增強狗狗亂撿地上物品或護食咬的行爲。如果狗狗吞食非食品的物品，例如檳榔渣、菸蒂，以及玩具殘缺部分如棉花、手腳等，這些都是異常行爲，代表狗狗平時壓力太大或外出散步時間不足甚至單純是因爲陪伴不夠，建議趕緊尋求行爲訓練師的協助。

主人不關注狗狗的行爲，當狗狗舔手腳，只幫牠戴頭套，卻沒有引導牠做該做的行爲；或是只丟玩具給狗狗，叫牠自己玩，卻沒有陪牠玩。如果回家只想追劇、放鬆，沒辦法花時間陪伴狗狗，眞心建議不要飼養寵物。因爲狗狗會想盡各種辦法，得到主人的關注。所以即使我帶牠們外出散步、爬山、游泳或露營，回到家後，我還是會花一點時間和牠們互動，摸摸牠們陪伴在旁邊。

外出散步，需要維持新鮮感

有些主人會問，狗狗太常出去玩，以後會不會每天都期待出去玩？或是狗狗外出散步，如果不想回家，該怎麼辦？

這就像是遛小孩一樣。狗狗不想回家，因爲覺得在外面比較好玩，或是在家關太久、難得出來玩，所以捨不得回家。我常帶自家的狗狗外出散步、爬山及運動，讓牠們的身心都獲得滿足，從未出現不願意回家的情況。

狗狗每天都需要出門「放電」，有些偏好早上，有些則是傍晚或晚上。我帶狗狗外出散步的時間不會固定在每天早上或晚上某一個時段，而是很隨興。選擇散步的地點也會不一樣，有時到公園，有時去爬山。狗狗就像孩子一樣，每天散步，都走同一條路線或去同一個公園，也會覺得玩膩了，需要維持一定的新鮮感。

如果要讓狗狗覺得開心，可嘗試不同散步時間、不同地點或不同玩法。比方說，以前散步都是左轉，這次散步改爲右轉，透過不同路徑，創造新鮮感。散步過程中，也要讓狗狗有機會探索不同的氣味，盡情嗅聞會比單純走路更能消耗精力和腦力。當牠們四處嗅聞、觀看周遭時，可以有效啟動嗅覺接收外界刺激。狗狗散步所感受到的刺激，不但具有活化大腦神經元的效果，也能降低牠們對陌生環境與聲響的不安。

先觀察狗朋友，再培養社交關係

帶狗狗外出散步另一好處是，可以訓練狗狗的膽量，讓狗狗社會化，學習適應變動的外在環境。因此，即使狗狗個性膽小、怕生，建議毛孩爸媽仍應盡量帶狗狗出門散步。

Miki小叮嚀

外出散步，注意高溫和防蚊蟲叮咬

帶狗狗外出散步，除了緊握牽繩以防意外發生之外，夏天時應避免正中午出門散步，以免氣溫過高，讓狗狗中暑，或是地板太燙，可能燙傷狗狗腳底的肉墊，造成不可逆的傷害。

另也要留意夏天蚊蟲多，不論是到公園、草地或去爬山，出門前應先用寵物防蚊液噴一下狗狗的身體，以免遭小黑蚊或其他蚊蟲叮咬。狗狗需要定時除蚤，每個月定期給予一次除蚤藥，回家後清潔腳底與梳理毛髮，都能有效預防跳蚤、壁蝨找上門。

不過，根據我多年的觀察，國人養狗，帶狗狗到公園散步，大多希望狗和狗一起玩，消耗彼此的體力。如此一來，主人們就能在一旁聊天、納涼，不用陪伴狗狗。但事實上，狗狗和人類想的不一樣，狗狗不一定要碰到狗朋友。如果毛孩爸媽沒有事先了解自家狗狗的個性，不斷鼓吹狗狗去跟陌生狗玩，甚至揮手催促狗狗：「沒關係，你趕快去玩，去交狗朋友、去聞一聞。」主人這樣做，可能違背狗狗的意願，甚至有些狗狗恐怕快要嚇死了。

毛孩爸媽希望狗狗培養社交關係，最好先觀察對方的狗狗，再做下一步決定。萬一對方的狗狗很兇，又是陌生狗，還是要敬而

▶ 柯基犬哈嚕啃咬樹皮

遠之，以免得不償失。除非主人彼此認識，可以相約一起出去玩，但前提是必須確保雙方的狗狗都是冷靜、有禮貌，以免發生意外，也會建議一大群狗狗在一起玩耍時不要提供食物，避免引發不必要的爭吵和打架。（在國外的狗公園告示牌大部分都會寫「狗公園內禁止攜帶人類和寵物的食物」。）

出門散步的目的，是為了讓狗狗放鬆心情，開心生活。更重要的是，唯有毛孩爸媽用心陪伴，才能增進與狗狗之間的感情。

4-4 出門活動前，需要準備什麼？

大多數的狗狗都喜歡戶外活動，探索外面的世界，而且只要能跟著主人一起出遊，無論是到附近公園散步、運動，或到近郊的登山步道爬山，或到山區露營，或到寵物專屬的游泳池游泳，或到海邊戲水，對牠們來說都是非常幸福的事。不過，帶狗狗出門，就像帶小孩外出一樣，毛孩爸媽可得做好萬全準備，才能玩得開心又盡興！

外出散步，幫狗狗繫上牽繩

帶狗狗外出散步，一定要記得幫狗狗繫上牽繩、掛有名牌的項圈、胸背帶，才能把危險性降到最低，避免憾事發生。牽繩不只是爲了防止狗狗嚇到旁人，同時也能確保狗狗的安全，以免因爲突如其來的喇叭聲、鞭炮聲等聲響，受到驚嚇，反而往車陣或人群中奔竄。

考量到未適當使用寵物防護措施而導致的憾事層出不窮，許多縣市的動物保護自治條例已規定，飼主攜帶犬隻於公衆場所，應替犬隻繫上牽繩，或提供其他適當防護措施如寵物推車、運輸籠或寵物揹帶等，違反規定者將處以罰鍰。因此，強烈建議毛孩爸媽帶愛犬出門，一定要繫上牽繩，並握緊牽繩，以提供最溫柔而堅定的守護。

帶狗狗出門散步，自行撿狗便便，是每一位飼主應有的基本行爲。除了自備撿便袋、小鏟子或衛生紙替狗狗清理便便外，還可以準備一瓶裝自來水的寶特瓶，當狗狗抬腳尿尿或遇到狗狗軟便時，可立即用水沖洗乾淨，發揮應有的公德心，共同維護環境衛生。

依活動天數和地點，準備不同物品

如果要帶狗狗出遠門，就必須依活動天數和地點，準備不同物品。若是一天來回，應備齊飼料和零食、飲用水、牽繩、驅蟲防蚤用品等。更重要的是，記得隨身攜帶狗狗的疫苗接種紀錄卡，有些景點如鵝鑾鼻燈塔，雖然允許狗狗進入，但必須先出示完成狂犬病預防注射的證明。

進食和喝水，對狗狗來說很重要。出門別忘了攜帶外出用的食用碗和水盆，確保狗狗能隨時補充水分。狗狗出門在外，有時可能會因過於興奮或緊張，而出現脫序的行爲。毛孩爸媽可準備牠們平常喜歡且熟悉的玩具和零食，吸引牠們的注意力，或是當作獎勵，有助於旅途中安定情緒。

如果需要搭乘交通工具時，可依照平日外出習慣，挑選外出提包、運輸籠或推車等。騎車者通常選擇運輸籠。若是搭乘高鐵、台鐵及捷運等大眾運輸工具，養小型犬的飼主較常選擇外出包。推車因更方便、省力，也是許多小型犬的選擇，更適合中型以上的狗狗。自行開車的話，可在車上或運輸籠中放入狗狗平常使用的睡墊，讓牠們可以聞到熟悉的味道，安撫情緒。

假如狗狗習慣在室內上廁所，可準備尿墊讓狗狗保有和家一樣的物品。如果外出旅

▶ 柯基犬 Cola 搭乘推車

▶ 帶狗狗外出牽牽繩

遊天數超過2天以上，建議準備毛巾，避免狗狗玩髒需要擦拭身體。進入秋冬後，因天氣變化大，尤其是到山上溫差更大，像我常帶毛孩到山區露營，備有保暖衣物或雨衣，可避免牠們感冒受寒。

長途旅程途中，讓狗狗下車上廁所

出門前，記得先讓狗狗上廁所。長途旅程爾偶停下來休息讓狗狗上廁所很重要，有些狗狗不習慣坐車，或著因爲透過車子搖晃容易緊張或想尿尿。每次狗狗坐車來到教室上課前，我也都會要求主人先帶狗狗去上廁所。

自行開車出遠門，例如從高雄開車到台北等長途旅程，中途最好停留1到2站，或是每隔2小時就暫時停車，讓狗狗下車活動，透透氣、喝水和上廁所。狗狗坐車時，毛孩爸媽應適時搖下車窗，讓牠們呼吸新鮮空氣，避免暈車。若有安排在外住宿，應先確認該旅館是否可讓狗入住，並且盡量別讓狗狗上床，同時留意別讓狗狗弄壞房內物品和設施。

如同大家喜歡外出旅遊，下榻不同的飯店，欣賞美麗的風景，露營也是如此。露營最大的好處就是，可以攜家帶眷，一起享受野外的自然風景與環境。我曾帶著狗狗、貓咪及狐獴到

帶狗狗出門的必備清單表

爬山建議攜帶物品

- 防蟲噴霧
- 飲用水
- 小零食
- 抗UV防曬衣服
- 長牽繩（避免攀爬樓梯或著斜坡時狗狗不會因爲牽繩太短距離不好控制拉倒主人）

海邊建議攜帶物品

- 救生衣
- 飲用水
- 小零食
- 抗UV防曬衣物
- 浮水玩具
- 防曬陽傘或遮陽帳棚
- 毛巾

游泳建議攜帶物品

- 救生衣
- 飲用水
- 小零食
- 抗UV防曬衣服
- 毛巾和寵物盥洗用品

露營建議攜帶物品

- 平時的飼料和零食
- 飲用水
- 夏季抗UV防曬衣服／冬天－保暖衣物
- 籠子或睡墊
- 發光警示燈
- GPS項圈（airtag）
- 毛巾
- 防蟲防蚤噴霧

苗栗露營，很多人問我，有必要帶牠們從高雄北上苗栗，到那麼遠的地方跑草地、看山景嗎？

我永遠是「肯定」的答案。人類喜歡經由味覺去體驗和享受美食，毛孩們可以透過鼻子去嗅聞、「看」世界。不同的地方會有不同的氣味，可滿足牠們的需求，帶來幸福感。

4-5 頻繁進出太冷或太熱空間，可能導致狗狗慢性中暑

炎炎夏日，狗狗其實很容易中暑。尤其是台灣的夏季除了悶熱，還很潮溼，一般人走在街上，只要短短幾分鐘，就已經滿身大汗，更何況全身是毛的狗狗。因此，在夏季時，毛孩爸媽一定要慎防狗狗中暑，特別是令人難以察覺的慢性中暑。

體溫調節能力失常，形成慢性中暑

從哪些跡象或行爲，可以判斷狗狗慢性中暑呢？當天氣炎熱，主人出門上班時，把冷氣關掉，讓狗狗獨留在沒有冷氣的室內。狗狗長時間處在悶熱、不通風的室內，熱上大半天。等到主人下班回家後，再把冷氣打開，室內溫度又驟然下降，結果狗狗的心肺血液循環又要重新適應。日積月累下來，狗狗的身體可能會承受不住，形成慢性中暑。

狗狗出現慢性中暑的另一種情況是，毛孩爸媽帶狗狗到戶外散步和運動，通常是到樹蔭下、陰涼處休息時，或上車後，發現狗狗的身體因散熱不及，以至於一直喘不停。還有頻繁進出太冷或太熱的空間，也可能導致狗狗慢性中暑。

由於狗狗身上的毛髮多，皮膚上又沒有汗腺，只有在腳掌和舌頭有汗腺可以散熱，加上狗狗的體溫調節能力不如人類。長期處於溫差變化大的環境中，易使狗狗的體溫調節中樞失常，體溫持續升高又無法排汗散熱的狀況，結果導致慢性中暑。

慢性中暑的徵兆不如急性中暑來得明顯，容易被輕忽，但對狗狗的殺傷力不亞於急性中暑，毛孩爸媽應小心防範，避免憾事發生。

其實，慢性中暑雖然令人難以察覺，但仍然有跡可循，例如輕微腹瀉、食慾不振、精神不佳等，細心的主人應多加留意愛犬的身體狀況。導致狗狗腹瀉的原因很多，較常見的是誤食不潔食物致使腸胃不適，或是對食物過敏所引起。天氣過熱，狗狗慢性中暑，也可能會引起輕微腹瀉。

炎炎夏日，一般人都會無精打采、胃口不佳，更何況是狗狗。如果狗狗一反常態，原本很活潑好動，卻突然變得安靜，顯得有氣無力、提不起勁，甚至就連看到最愛的零食也沒有食慾，可能是狗狗中暑的徵兆。一旦察覺狗狗有異樣，飼主應盡快帶牠們去看獸醫求診。

正常情況下，狗狗的鼻端應該是溼潤且微涼的。假如發現狗狗的鼻端變得乾燥且發熱，耳朵末端的皮膚溫度偏高的話，最好多加留意狗狗是否可能中暑了。

慢性中暑的預防與解決之道

在炎熱夏季裡，毛孩爸媽出門上班，得讓狗狗獨自待在家裡，建議可採取以下方式幫助牠們度過涼爽的一天，並預防慢性中暑。

首先是適時地開冷氣，降低室內溫度，但冷氣溫度不低於攝氏26度。若不開冷氣的話，可透過打開窗戶、電風扇，保持室內通風。其次是給予充足的水分，或在水中加入少量的冰塊，讓狗狗補充足夠的水分。若要從冷氣房外出時，先關掉冷氣，打開窗戶，讓狗狗的身體慢慢適應並習慣外面的氣溫後再出門。

主人帶狗狗在戶外奔跑、運動，當發現狗狗有慢性中暑的徵兆時，應立即將狗狗移到樹蔭下或陰涼處休息，避免陽光直射。同時，要幫狗狗的身體降溫，例如用溼紙巾擦拭狗狗腳掌的肉墊、身體、鼻子及耳朵，或用室溫水替狗狗沖身體，但千萬別用冰水，因爲冰水可能引起血管突然收縮。

另外，試著讓狗狗多喝點室溫水，看情況是否有所改善。盡量讓狗狗放鬆、休息，也有助於狗狗消暑。但切記，狗狗剛奔跑完或經歷劇烈運動後，還在氣喘吁吁時，千萬不能馬上喝水，以免嗆到。可是，如果狗狗過度喘氣，而且已經喘了10分鐘，仍未見停歇或緩慢下降，加上心跳仍很快速，建議此時直接送到獸醫院看診，以免釀成悲劇。

爲了不讓慢性中暑成爲狗狗健康的隱形殺手，毛孩爸媽應多充實與中暑相關的知識，一旦狗狗出現異狀，才能即時判斷與處理，降低慢性中暑所帶來的傷害。

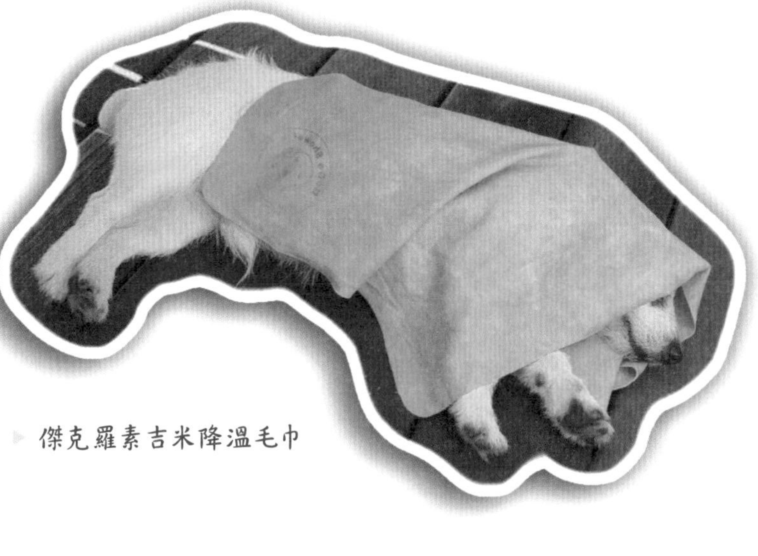

傑克羅素吉米降溫毛巾

CHAPTER 5

育 適當的行為引導，狗狗更溫馴有禮

狗狗行為小測驗

毛孩爸媽應具備正確的教育與訓練觀念，知道如何預防狗狗產生行爲問題。例如幼犬爲何需要社會化訓練？若未經過教育訓練，成犬後將來可能會產生哪些行爲問題？狗狗犯錯時，該如何正確處理？其實有更多問題是在養狗之前就要想清楚。現在請先玩一下「狗狗行爲小測驗」，再看一下得分結果如何：

○ ✕

- ❶ 狗狗行爲訓練就是坐下、趴下、握手、定點大小便之類的小把戲，狗狗天生就會。
- ❷ 幼犬 2 至 4 個月大時，是社會化學習的黃金期，應把握機會，讓狗狗接受訓練。
- ❸ 主人應與狗狗一起來上課，學會指令，回家後幫助狗狗持續練習這些指令，穩定度才會高。
- ❹ 狗狗喜歡舔人或撲人，只是想要表達善意。這種行爲無傷大雅，無須過度擔心。
- ❺ 狗狗不聽話、做錯事或無法配合訓練時，用打、罵的才會乖。
- ❻ 當主人下指令時，狗狗能正確做到，立即獎勵牠、稱讚牠，可持續增強狗狗的正面行爲。
- ❼ 狗狗嘗試各種行爲，希望獲得主人關愛的眼神與陪伴。
- ❽ 狗狗的壞行爲，等到長大之後就會改善。
- ❾ 寵物行爲訓練並非只是訓練師與狗狗之間的互動而已，更重要的是建立主人與狗狗之間的溝通及互動模式。
- ❿ 當兩隻狗狗因爭寵而互相攻擊，主人最好及時拉開、制止牠們，並且盡量公平對待牠們，以防未來衝突發生。

解答在最下方。

計分方式：答對得 1 分，答錯得 0 分。

得分：

★ **介於 8 至 10 分：**你非常清楚知道行爲訓練對狗狗社會化的好處，也很願意與狗狗一起接受教育訓練，是很稱職負責的毛孩爸媽。只要持續善用本書中所提到的建議，狗狗將成爲有禮貌、人見人愛的毛小孩。

★ **介於 5 至 7 分：**你瞭解毛孩需要行爲訓練，但仍存有一些迷思。這本書能幫助你找到正確教養狗狗的方式，讓牠學習服從和基本禮貌。

★ **4 分以下：**行爲訓練對任何年紀的狗狗都是必須的，而且幼犬、成犬及老犬的學習力並無差異。參考這本書中的正確觀念和實用作法，可幫助狗狗學會正確的行爲，融入主人的生活中，讓彼此互動更和諧。

決定要養狗後，應把握社會化學習的黃金期，愈早給予正確的行爲訓練，愈能降低未來可能發生的偏差行爲。狗狗的教育訓練，最重要的目的，並非教導狗狗學會把戲、取悅主人，而是要幫助狗狗學習社會化、預防行爲問題的產生，進而與主人建立更良好的溝通及相處模式。

解答：第 2、3、6、7、9、10 題爲「○」，第 1、4、5、8 題爲「X」。

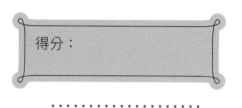

5-1 犬齡4個月以下的幼犬，需要開始學習社會化行為

每個毛孩家庭都應具備正確的教育與訓練觀念，知道如何預防狗狗產生行爲問題。狗狗的教育訓練，最重要的目的，並非教導狗狗學會把戲，而是要幫助狗狗學習社會化、預防行爲問題的產生，進而與主人建立良好的關係。

狗狗剛出生到8週或10週時，建議和狗媽媽、兄弟姊妹們住在一起。這段時間，幼犬透過與兄弟姊妹之間的相處，互相咬來咬去，學習狗狗之間的社會化。

而且狗狗一出生是喝母奶，抗體來自狗媽媽。離乳後6到7週，打第一劑疫苗，目的是爲了增強斷奶後的抗體。當狗狗打完第一劑疫苗，觀察牠的身體狀況沒問題，過了7天後，即可開始過著正常生活，帶牠出門散步，探索周遭環境。

這時，狗狗的社會化學習就已經悄悄展開。社會化訓練對狗狗很重要，因爲狗狗即將進入人類生活，就必須學習人類世界的社會化。由此角度來看，幼犬2至4個月大時，可說是社會化學習的黃金期，飼主要好好把握，盡量不要錯過。

站在行爲訓練師的立場，我通常建議，幼犬最好是從出生2個月大開始學習社會化，但不一定是在4個月大時結束社會化訓練。毛孩爸媽愈早給予狗兒正向訓練，愈能降低未來可能發生的行爲問題。

若是錯過學習黃金期，仍可再透過訓練，形塑狗狗的正確行爲。但因狗狗過去生活或與人互動狀況，可能會影響訓練進度與結果，主人需要更有耐心。此外，如果遇到社會化嚴重不足的狗狗，例如缺乏自信、容易恐懼或緊張等性格，也可以透過系統化訓練方式，協助狗狗重新社會化。

狗狗像小孩，從小要給予正向訓練

很多人存有迷思，以爲狗要與狗玩在一起，才是社會化；或是認爲等到狗狗出現行爲問題時，再訓練、矯正就好。其實，狗狗經人類飼養後，等於是進入人類的生活，應讓牠熟悉並習慣主人的生活環境與模式，才不會感到害怕。

至於究竟什麼是幼犬社會化？簡單來說，就是讓狗狗從小多接觸不同的聲音和環境，以便適應周遭環境、融入群體，並透過訓練和管理，養成良好的行爲與習慣，可以與主人、其他狗狗及社會成員保持良好互動。

而且經過社會化完整訓練的狗狗，對人比較不會怕生，對人類世界的一切也比較不會感到害怕。例如，汽機車是人類生活的一部分，社會化良好的狗狗，就算突然呼嘯而過的車子噪音也不會感到驚慌。又如主人喜歡露營或到海邊玩，就要帶狗狗一起去，透過參與及學習，讓狗狗慢慢適應主人的生活模式。假如主人想帶狗狗去爬高山，就要先從住家附近的公園或小山開始走起，慢慢增強狗狗的安全感。

經過良好的社會化訓練過程後，毛孩爸媽會發現狗狗有較高的自信心、穩定性高。如果狗狗沒見過世面，不懂人類世界的運作模式，動不動就會感到畏懼、害怕，出現咬人、咬狗、撲人、亂吠叫、分離焦慮、躲起來或發抖等行爲。這些都是社會化不足的徵兆。

因此，毛孩爸媽接幼犬回家時，應與牠正確互動。狗狗就像小孩，從小要給予正向訓練，透過正向獎勵的方式，讓牠從小養成好習慣，譬如定點排泄的衛生習慣、適時地給予籠內訓練等。

須特別提醒的是，與其不斷矯正錯誤的行爲，不如一開始就教導正確的行爲。這點與教養小孩很相似。比方說，毛孩爸媽帶狗狗回家的第一天，如果不希望狗狗爬到沙發上，在一開始時就必須教導牠不能跳上沙發。否則，牠跳上沙發，主人起初都毫無反應，等過了一陣子後，才痛罵牠不可以這樣做，反而會讓狗狗活在恐懼、害怕的生活中，影響牠的身心靈發展。

因此，千萬不能等到狗狗出現行爲問題時，再做訓練及矯正。決定要養狗後，就應把握社會化學習的黃金期，就像孩子從小要接受教育一樣，愈早給予正向訓練，愈能降低未來可能發生的行爲問題。

毛孩爸媽要與愛犬一起上課

狗狗「上學」前，除了打完第一劑疫苗外，毛孩爸媽應建立正確的心態，並在上課時最好全程陪同、配合與參與。

俗話說：「什麼樣的父母，養出什麼樣的孩子。」這句話套用在愛狗人士上，也同樣適用，「什麼樣的毛孩爸媽，養出什麼樣的狗狗。」因爲狗狗的行爲取決於主人的態度，寵物行爲訓練師則扮演主人與狗狗之間的橋梁，如果主人沒學到訓練師教導的指令，回家後就無法協助狗狗練習指令和正確行爲，持續學以致用，所以主人要和狗狗一起上課。換句話說，行爲訓練師的主要上課對象，其實是主人，不是狗狗，在大多數時候，眞正需要改變行爲的是飼主自身。

更何況每隻狗狗的狀況，以及主人對牠的學習期望不同，更需要帶著狗狗一起上課，面對面和行爲訓練師溝通狗狗的現況，清楚表達希望狗狗達成什麼樣的學習目標，或是狗狗有無特別行爲需要矯正或訓練等。事前溝通清楚，以免彼此對教學內容與結果有認知差異。

在不影響家人、鄰居及他人下，主人覺得狗狗的某個行爲沒問題，就不用做修正、

澳洲牧羊犬滾滾走走去初鹿牧場

調整。例如，狗狗愛舔人，若主人喜歡這個行爲，可以保留下來。但若主人不喜歡或不接受舔人的行爲，行爲訓練師就會介入，協助狗狗改善此行爲。不過，狗狗喜歡亂咬人或吠叫，就必須接受訓練，學習服從和基本禮貌。

基本上，狗狗和小孩一樣，也會「柿子專挑軟的吃」，也懂得看人類的臉色和表情。不過，狗狗的腦袋裡沒有灰色地帶，只有非黑即白，所以主人的指令要一致，家人也要一起配合。其實，養狗最辛苦之處，是家人的配合度。

比方說，狗狗喜歡舔人，就取決於毛孩爸媽的態度，有的毛孩爸爸可以接受，有的毛孩媽媽則是不喜歡。但毛孩爸媽和其他家庭成員的態度必須保持一致，不能前後不一，以免狗狗感到混淆、無所適從。

5-2 狗狗不會因為年齡增長而自我學習與成長

家中狗狗總是調皮好動又不聽話，有時甚至還會出現攻擊或護食行爲嗎？其實，訓練狗狗學習社會化，可以改善毛孩爸媽與狗狗之間的關係，幫助狗狗適應新家庭的生活模式和規範，融入毛孩爸媽的生活中，讓彼此互動更加和諧。

狗狗學習成長，不分年齡

狗是人類最早馴化的動物，會改變行爲適應人類，但還是有部分的行爲及天性需要經過調整與訓練，才能順利融入主人的工作與生活作息中。幼犬學習社會化的黃金期爲2至4個月大，此時幼犬的大腦正在快速發育，適當地接觸人群、周遭環境及日常噪音等新事物，能讓狗狗的身心獲得良好發展。而經過社會化的幼犬，發育到成犬階段後，會較有自信，穩定度也會較佳。

「我家狗狗年紀還小，眞的可以學會嗎？」「我家狗狗很老了，早已養成很多壞習慣，實在很難改，可能也不太好教。」這些是許多毛孩爸媽的心聲，難免會擔心愛犬是否容易受教，學會正確的行爲。毛小孩的年紀大小，究竟是否會影響學習與成長？

廣義來說，所有的狗狗都必須學習，也無時無刻都在學習！小時候，我們常聽到大人說：「長大以後，你就會了。」或「長大以後就會變好了。」但天底下絕對沒有這種事，無論是小孩子或狗狗，如果沒有一直學習、接受教育，怎麼可能會變好又變乖？

假如沒有教導狗狗學習正確的行爲，牠就會找到適合自己的生存方法和生活模式。正如流浪狗一樣，雖然不會按照人類的指令而坐下、趴下，但生存本能讓牠懂得閃躲車子、在街頭上混一口飯吃。這就是物競天擇。

因此，在社會化學習的黃金期，教導狗狗學會正確的行爲，勝過於養成不良的習慣後，再花時間和金錢來矯正。而且幼犬、成犬及老犬的學習力並無差異，頂多是14歲、15歲的老犬較容易因身體不適、疼痛，而無法做到某些動作，否則通常很快就可以學會坐下、趴下、等待及喚回等基本服從指令。

當然，隨著毛小孩的年紀愈大或壞習慣累積已久，訓練的時間與次數可能要多一點，狗狗才能逐步適應新的行爲規範，戒掉舊習慣。訓練狗狗時，可以給予少許零食，傳達表現好就有獎勵的訊息。因此，只要用對方法，給予零食作爲鼓勵，任何年齡的狗狗都能教！

持續練習指令，狗狗穩定度高

狗狗的學習速度很快，一堂課內，通常可以學會叫名字、看主人、坐下、趴下、等待及喚回等基本服從指令。但回家後，毛孩爸媽應幫助狗狗持續練習這些指令，穩定度才會高。這也是我在開課時經常強調，主人應與狗狗一起來上課，學會指令和練習方法，回家後還要幫助狗狗複習並記得這些指令，才能讓牠們的行爲符合主人的期待。

經過社會化訓練的狗狗，通常穩定度較高，也能聽得懂主人的指令並服從。基礎服從訓練，能讓主人更容易掌

Miki 老師訓練下指令

握狗狗的行爲，教會狗狗如何聽從主人的指令，以避免日常生活中的意外。

若主人覺得有無社會化訓練沒差別，反正有空再教看看就好，可能會造成狗狗出現偏差行爲，包括亂吠叫，引起鄰居抗議或檢舉。舉例來說，狗狗對主人吠叫，主人覺得沒關係，這只是一種互動或對話；或是狗狗在鄉下對人吠叫了十幾年，到了12歲、13歲時，跟隨主人搬到城市居住，但仍持續對人吠叫，結果遭到鄰居檢舉或抗議。此時，主人突然希望改善或糾正狗狗的吠叫行爲，將會變得非常辛苦且費力。

這就像是小孩子哭鬧，吵著要吃糖果或冰淇淋，因爲本能的使出哭鬧的行爲，不需要動腦，但說話、清楚表達自己的需求，需要動腦筋。毛孩爸媽若對狗狗吠叫的行爲有回應，狗狗就會誤以爲吠叫有效，可以得到想要的結果。一旦養成這種壞習慣，往後即使用威脅、恐嚇的方式，也很難改善狗狗的偏差行爲。

只要願意教狗狗，就不會停止學習

社會化是幼犬訓練最重要的環節，適當地社會化有助於狗狗的身心發育。即使錯過社會化學習的黃金期，只要願意持續教導狗狗，狗狗就不會停止學習與成長。

如果狗狗曾經接受過社會化訓練，經過2年都沒再訓練，某天再回到訓練教室由行爲訓練師重新矯正行爲時，因爲狗狗的學習速度很快，不久就可以喚醒記憶內所學過的事物。

狗狗必須接受教育，才會社會化。只要主人願意教狗狗，狗狗就不會停止學習。而且教會狗狗理解指令，也能讓主人學會用更正確的方式對待狗狗。例如，狗狗知道要出門，會顯得很興奮，主人應要求狗狗先坐下，套上牽繩，等到狗狗冷靜後，再一起出門。

任何行爲訓練都不是短期內可以完成。時間長短，端視主人的態度及狗狗本身的個性而定。不過，英語中有句俗諺：「活到老學到老。」（Never too old to learn.），只要主人願意每天多花一些時間陪狗狗，有耐心的教導和練習，一定可以看到狗狗的改變，相信有朝一日，「老狗也能學會新把戲。」（Old dog learn new tricks.）

狗狗必須學習基本禮貌、學習人類語言的規範，並知道使用正確的「語言」，無須吠叫，也能達到目的。一旦培養狗狗的專注力和穩定性，將能加深主人和狗狗的信任關係，建立更良好的溝通及相處模式。

5-3 適當的行為訓練，讓狗狗更溫馴服從

爲了讓狗狗融入人類生活，適當的行爲訓練很重要。建議毛孩爸媽一定要先從基本服從訓練開始著手，才能幫助狗狗融入眞實的生活世界中。當看到自己的愛犬到戶外，既不會亂跑、亂叫、亂撲人，聽到呼嘯而過的車聲或看到陌生人，也都能冷靜以對，並和善的以禮相待他人或其他狗狗時，代表主人的行爲訓練成功，狗狗變得有禮貌、有教養，別人才會喜歡這樣的狗狗。

學習基本禮貌，成爲有教養的狗狗

曾到國外旅遊的人應該都有類似的經驗：在國外餐廳或咖啡廳外，常看到主人牽著狗狗用餐或啜飲咖啡，狗狗能靜靜地坐著或安躺在主人身旁。主人不會放任狗狗亂跑，經過的路人也

不會隨意碰觸或撫摸狗狗。

由於我是寵物行爲訓練師，身上難免會有狗味，無論是在國內的公園、街道或電梯內，常會吸引有些狗狗靠過來，不停地嗅聞或舔腳。可是，在國外，我卻很少遇到這種情形。有些主人認爲：「我的狗狗只是想要表達善意。」但對我來說，其實這是一種不禮貌、造成別人困擾的行爲。

這就像許多爸媽遛小孩，帶孩子到公園玩，總會帶著各種零食、餅乾及玩具。有些小孩會主動跑過來翻找其他爸媽的包包，甚至直接拿起餅乾或零食吃，或拿出玩具玩，卻未事先徵詢對方的同意。有些媽媽認爲這沒什麼關係、沒什麼大不了。但其實這是非

澳洲牧羊犬滾走和標準貴賓卷卷在戶外拍照

常不禮貌的行爲，讓人覺得這樣的孩子沒家教。

我也曾遇過一隻米克斯犬，重達20幾公斤，經常喜歡撲人，而且撲人對象不分主人或陌生人，甚至還差點撲倒小孩。因爲主人從未制止狗狗撲人，致使牠覺得這樣的行爲無傷大雅。可是，大型米克斯犬亂撲倒老人或小孩，萬一對方受傷，可能會引起糾紛。毛孩爸媽不得不慎，最好還是讓狗狗接受適當的行爲訓練，才能變得更溫馴服從。

接受基本服從訓練，行爲問題迎刃而解

我喜歡有禮貌、有教養的狗狗。教會狗

Miki 老師訓練握手

狗一些基本的禮貌行爲，讓狗狗確實學好聽指令做動作，不但能與其他人或狗狗和平相處，許多行爲問題也都可以迎刃而解。

狗狗接受基本服從訓練，主要目的是爲了學習基本禮貌。何謂「有禮貌」的行爲？比方說，狗狗近身接近人時，不會對人吠叫，也不會過於興奮、狂撲人。主人到朋友家作客，狗狗不會亂咬家具，不會亂尿尿。別讓狗狗跑進私人的土地上，並避免牠在別人家的汽車輪胎上大小便。訓練愛犬與人打招呼時，能有禮貌地坐下，或在牠撲人或撞人之前，把牠叫開。若要讓狗狗上前打招呼，記得先詢問對方，特別是遇到小孩子時，更應確保狗狗能有禮貌地打招呼，以免過度熱情的招呼行爲造成別人的困擾。

有些狗狗在訓練前，警戒心很強，看到陌生人會狂吠不止，但經過基本服從訓練後，變得非常友好，即使在擁擠人群中也很安靜。有些狗狗原本很害羞、膽怯，只要踏出家門口，就會害怕、發抖，但在訓練後，能輕鬆出門，友好面對陌生人。有些狗狗很頑皮，參加訓練後，學會禮貌待人，聽主人話。有些狗狗愛暴衝，可以在十字路口訓練狗狗停下來和坐下，特別是住在都市的狗狗，這樣有助於牠們在過馬路時保持安全。

懂得溝通語言，更理解狗狗行爲

訓練有素的狗狗，會展現應有的優良品行。可是，訓練狗狗，並不是一件容易的事情，需要很有耐心。究竟，該如何訓練狗狗有禮貌呢？

狗狗基本服從訓練的常見指令，包括：坐下、趴下、臥倒、等待、喚回、腳側隨行、不行等等。但須留意的是，狗狗的行爲訓練有先後順序之分，務必要先教導狗狗基本的服從訓練，包含坐下、趴下等，之後才能教導才藝技能，例如轉圈、翻滾、裝死等。前者是爲了創造主人和狗狗之間的共同語言，讓狗狗的行爲變得更溫馴服從；後者的訓練並不會讓狗狗的情緒保持穩定，純粹只是爲了滿足主人和毛孩增強感情以及完成指令的期待感。

正如大人與小孩溝通一樣，要先懂得彼此互動的語言，才能更了解小孩或狗狗在想什麼。正因如此，每次開課時，我一直強調狗狗接受行爲訓練課程，其實最主要的學習對象是主人，主人必須全程參與課程，學會下指令，回家後才能幫助狗狗複習。

在過去教學經驗中，我曾經教過年紀最大的狗狗是12歲的黃金獵犬。狗主人是一對年輕夫婦，因爲飼養這隻黃金獵犬時，早已錯過牠的社會化學習黃金期，於是希望透過上課，更瞭解愛犬的想法與需求。

這是一對很用心的毛孩爸媽，上課時非常認眞。課程結束後，他們不但可以理解自家愛犬過去爲何常會出現瘋狂的行爲，理解並接受牠的某些行爲，決定好好陪伴牠度過餘生。

事實上，狗狗會出現亂吼叫、亂咬東西、亂大小便等行爲上的問題，主因通常是出自於壓力過大，與心情不好、主人不在家或鮮少陪伴等因素也有關。如果希望狗狗更溫馴服從且有禮貌，建議不妨從日常的基本行爲訓練著手，訓練牠乖乖聽指令、理解牠的行爲與需求，讓彼此日後的相處更和諧融洽。

5-4 善用獎勵方式，成功教養狗狗

毛孩爸媽都希望自己的愛犬既聰明又聽話。可是，如果狗狗不聽話、做錯事或無法配合訓練時，可以處罰牠嗎？

許多飼主在訓練狗狗時，以爲「用打、罵的才會乖」。此舉看似有效，但事實上，狗狗多半只是因爲害怕而屈服主人的權威，有些個性較強勢的狗狗反而會變本加厲，甚至產生攻擊行爲。因此，千萬別用打罵、恐嚇、威脅、處罰等方式，而是應瞭解狗狗行爲背後的原因，並善用獎勵與稱讚，才能成功教養狗狗。

飼主專注問題，訓練師在意原因

打罵是過去傳統的教育方式。我還記得自己小時候學鋼琴，老師叫我一手彈鋼琴，一手握雞蛋。一旦雞蛋破了，她就會罵人或打人。這種較激進的教法，並不會鼓勵我想要繼續學鋼琴。

同樣的，以訓練狗狗坐下爲例。如果狗狗不肯坐下，主人就硬壓牠的屁股，強迫牠坐下；或是扯項圈，糾正狗狗的行爲。一旦狗狗坐下，再給牠吃飼料或零食當作獎勵。嚴格來說，這樣的教養方式就像「打一巴掌給顆糖吃」，無法有效改善狗狗的行爲。

過去訓練狗狗的觀念，常聚焦於狗狗做錯事或不按照指令時，該怎麼辦？其實，正確的教育方式應該是要先理解狗狗的需求。例如，主人希望狗狗坐下，狗狗不坐下，可能是因爲心情不好、腳痛或關節不舒服；改用食物吸引狗狗坐下，但牠仍不坐下，也許是因爲吃飽了、對食物沒興趣，所以無法完成主人的要求。在這種情況下，建議主人必須先瞭解狗狗不坐下的眞正原因。

又如，狗狗總是愛亂咬桌腳，主人通常會聚焦在狗狗不乖、搞破壞的行爲上，打罵或威脅狗狗不可以再這樣做。但寵物行爲訓練師則會專注於狗狗爲何會亂咬桌腳，可能是因爲太無聊、沒事做，或是主人沒時間陪狗狗散步，所以才會出現這種偏差行爲。

依我過去多年的觀察與教學經驗，只要狗狗一出現偏差行爲，毛孩爸媽通常都是專注在「問題本身」上，但寵物行爲訓練師更在意的是「問題背後的原因」。

在訓練過程中，我習慣站在寵物的角度思考，瞭解狗狗的情緒與需求，建立狗狗與主人之間溝通的橋梁，讓主人和狗狗能互相理解對方，這是寵物行爲訓練中很重要的一環。

狗狗嘗試各種行爲，期能獲得主人關愛

其實，狗狗的世界很簡單，沒有物質上的需求，只想要得到主人的關注和陪伴。狗狗表現出來的行爲，例如吠叫，主人聽到了，忍不住罵牠：「吵死了！」但是，狗狗會誤以爲這樣的方式可以引起主人的注意。於是，牠不斷透過吠叫的方式，與主人溝通、互動，結果導致主人罵得更兇，無形中增強狗狗吠叫的行爲。

除了吠叫外，狗狗也會一直嘗試各種行爲，希望獲得主人關愛的眼神。在毛孩爸媽的眼中，這些行爲可能是對的，也可能是錯的。主人的反應和態度，則會增強狗狗對該行爲的認知能力。通常，主人的反應愈強烈，狗狗就會認爲那個行爲愈能引起主人的關注。所以狗狗的行爲模式會反映主人期待牠做的事，正如觀察小孩子的行爲，大概就可以得知其家教如何。

我曾遇過一對夫妻帶著愛犬來參加行爲訓練課程，在上課時，這隻狗狗完全不敢注視男主人，總是挨著女主人身邊。後來一問之下，原來男主人平時會罵狗、對狗很兇。由此可見，狗狗的行爲會出賣主人的作爲。

研究發現，狗狗的智商大概相當於2歲的幼兒。當主人下指令時，狗狗能正確做到，當下立即獎勵牠、稱讚牠做得很棒，可持續增強狗狗的正面行爲。但獎勵必須是隨機的，而且不限於零食，比如玩具、啃咬骨頭、陪伴狗狗，或帶牠出去玩耍、到公園散步等等，只要是來自主人的關注，都可以算是獎勵。此外，招喚狗狗過來主人的身邊，摸摸牠的頭，稱讚牠很乖，也是一種獎勵方式。

因此，建議毛孩爸媽訓練時應善用各種獎勵與稱讚，強化狗狗的正面行爲，讓狗狗漸漸知道主人喜歡這個行爲或表現，不僅可

柯基犬 Cola 啃咬牛皮筋骨

澳洲牧羊犬走走啃咬牛膝骨頭

使訓練效果較持久，也能建立雙方的信任感。

研究表情認知的國外學者（Alexandra Horowitz）曾指出，動物的大腦裡，沒有分辨做對事與做錯事的能力；牠們只會關注自己眼中想要的東西，不像人類懂得知錯、反省。即使狗狗闖了禍，也不知道自己做錯事，因爲牠沒有知錯的能力，而是主人的反應和表情會影響狗狗的行爲。

▶ 澳洲牧羊犬滾滾坐下等電梯

比方說，狗狗亂咬鞋子，主人罵牠，牠會露出楚楚可憐的神情，但牠不知道自己做錯事，下次還是會再亂咬鞋子。或是狗狗亂咬垃圾桶，主人打牠一下，狗狗就變乖了，但其實狗狗只是害怕被打。打罵只能暫時制止狗狗，讓牠不敢在主人面前亂咬鞋子或垃圾桶，但不代表狗狗之後不

▶ 澳洲牧羊犬滾滾走走，在電梯內禮貌坐下

會再做這件事，因爲主人並未理解狗狗的情緒和需求。

我所養的澳洲牧羊犬，重達25公斤，帶牠進電梯時，牠會主動坐下，我馬上稱讚牠。這是因爲不斷透過教育訓練，增強狗狗的正面行爲，讓狗狗能主動做到主人期待的行爲。

狗狗並非天生就會進電梯坐下、定點上廁所等行爲，而是必須經過不斷教育和反覆訓練。當毛孩知道爸媽回到家或睡前會帶牠出門散步。狗狗出門前，必須先乖乖坐好，套上圈繩後，才能出門。只要狗狗一做到，就馬上稱讚牠，牠的自主性行爲就會逐漸增加，形成正向循環。久而久之，狗狗就有能力做到自主性行爲，符合主人的期待。

獎勵、賄賂、溺愛，三者有所區別

毛孩爸媽剛開始訓練狗狗時，大多會用零食當作獎勵，引導狗狗完成正確的事情。但該如何拿捏，才不會淪爲「賄賂」，養成狗狗只看到零食誘餌，才完成相應的動作？獎勵、賄賂、溺愛，這三者之間究竟有何差別？

狗狗不聽指令完成某行爲，主人馬上拿出食物來誘導牠，這樣很容易養成依賴性。建議不要太依賴食物，改爲稱讚牠、對牠微笑、摸摸或輕拍牠的頭，也是一種獎勵。

如果要讓狗狗主動做出主人期待的行爲，就不能讓牠先看到零食（如同小孩子先看到錢），才要坐下，否則就會變成賄賂。

溺愛則是指主人拜託狗狗吃飯、喝水，甚至是追著牠吃飯、一口一口餵食。吃飯、喝水是動物的生存本能，一旦太過於溺愛狗狗，牠們會失去對食物和生活的欲望。例如，無論是在家中或出門，都一直抱著狗狗，當成小孩子照顧，結果養出超胖卻又肌無力的狗狗。這樣的教養方式，根本是本末倒置。

有些毛孩爸媽覺得外面的世界很髒，不帶狗狗出門散步，一出門就是抱著，要不就是用推車。狗狗不能在地上走路、奔跑或嗅聞，剝奪狗狗原本應有的生活能力。這樣爲

Miki 小叮嚀

反覆練習，不吝給予掌聲與讚美

狗狗與人類一樣，學習新事物時，必須透過反覆練習，才能牢記於心。當主人的指令愈清楚明瞭，練習次數愈頻繁，狗狗也會愈熟悉新的行爲指令。久而久之，訓練有素的狗狗在回應主人的行爲指令時，就會更加快速且準確。當狗狗能理解並完成主人的指令時，請別忘了給予牠們最大的掌聲與讚美。

什麼要養牠呢？

我曾經遇過很極端的案例：主人不帶3歲的狗狗出門散步，每次只要出門都是坐推車。主人帶牠來上課時，我曾提醒主人上課內容會有戶外課程，課程中發現狗狗走路很常軟腿，也很容易喘，我建議主人先帶狗狗到獸醫院做身體檢查，結果發現，狗狗的髖關節正常，但肌肉量極低，原因出自主人都不帶牠出門運動。

我也曾遇過狗狗會吃自己的大便，這是不正常的行爲，代表狗狗的情緒很差。結果一問得知，因爲主人嫌外面的世界很髒，都不帶狗出門散步。我告訴主人，只有兩種選擇：一是不帶狗狗出門散步，讓牠繼續吃自

Miki 老師給予獎勵

Miki 老師訓練狗狗擊掌

Miki 老師訓練中

己的大便，發洩情緒；二是帶牠出門運動，舒緩身心壓力。

有些主人會說，家裡很寬敞，沒必要出門散步。但平心而論，疫情肆虐期間，人類被迫「禁足」在家，將近3個月，都會覺得因爲失去自由而苦悶、不開心，更何況是狗狗？狗狗連探索、嗅聞世界等基本能力的機會都沒有，等於是剝奪牠們應有的生活需求，當然會覺得不開心。

如果毛孩爸媽眞的很怕髒，建議乾脆別養狗狗。千萬別養了狗狗之後，就把狗狗整天關在家裡圈養，完全不讓牠接觸大自然及外面的世界。狗狗生活在人類的世界中，毛孩爸媽都會希望自家的愛犬是有禮貌的狗狗。但也要善待狗狗，理解狗狗的需求和情緒，讓狗狗在人類的世界和規範中也能「做自己」、「活出自己」。

你要乖乖聽
我的指令喔！

5-5 狗狗的不良行為比較容易引起注意？

有沒有經常覺得家中的毛小孩，有時候像是惹人憐愛的小天使，但是調皮搗蛋時，又變成讓人氣得牙癢癢的小惡魔呢？其實，很多行爲都是狗狗的天性，因爲人類與狗狗生活在一起，當狗狗的行爲造成人類的困擾，才會認爲這些行爲不適當且需要解決。

根據我多年的教學經驗，大部分的狗狗行爲問題，都是因爲毛孩爸媽用了錯誤的方式與狗狗相處，導致狗狗的壓力無處可宣洩，只好透過吠叫、亂咬衣服、破壞家具、亂大小便來紓壓，或是藉此引起主人的注意。

値得提醒的是，打罵方式，無法讓狗狗明白牠做錯了，只會讓狗狗的壓力愈來愈大，行爲問題愈來愈嚴重，形成惡性循環。因此，一旦狗狗出現壞行爲，建議毛孩爸媽務必先瞭解狗狗的行爲，以及行爲背後的原因，再找出解決方法，才能確實改善問題。

別等問題變嚴重，才尋求協助

吠叫是狗狗與生俱來的本能，用來與外界溝通的語言。但在現代都市養狗，過度的吠叫，反而成爲毛孩爸媽的苦惱，對左鄰右舍帶來困擾。

我曾遇過有些狗狗原本住在鄉下，總是愛亂叫，這樣的行爲持續了十幾年，主人一直不以爲意。直到某一天，主人決定要搬到城市，住進社區大樓或公寓，此時才赫然發現狗狗亂叫是不適當的行爲，擔心吠叫聲會擾鄰，趕緊前來尋求寵物行爲訓練師的協助。

有些主人看到毛小孩在幼小時咬人，覺得無傷大雅、沒關係。等到狗狗長大後，咬傷了人，需要縫合傷口時，或是家人出言威脅：「只要狗狗再咬人，就馬上送走。」遇到這種狀況，才覺得問題迫在眉睫，需要解決。

另一種情況是狗狗愛亂大小便，這樣的行爲持續了13年。直到某一天，毛孩爸媽突然覺得這樣的行爲不好，前來尋求協助。一問之下，才知道原來家裡有了新生兒，不久後將在家裡地上爬來爬去。毛孩爸媽覺得狗狗亂大小便，導致家裡環境很髒亂、不衛生，需要糾正這個壞行爲。

我還曾經遇過對於環境聲音極度害怕的案例是，狗狗非常害怕雷聲、鞭炮聲，只要一聽到，就會全身發抖，甚至躲起來。這種現象稱爲「聲響恐懼症」，指狗狗對特定（或所有）的巨大聲響，包括煙火、鞭炮、下雨、打雷等，所產生的焦慮反應。導致聲響恐懼症的原因，可能來自先天的基因或個性，也可能是後天環境養成，或是過往創傷造成。一味責罵，只會加深狗狗對巨大聲響的負面連結，但如果狗狗對於這些聲音都是處於「驚恐」狀態，使用零食也有機會讓狗狗相信零食出現＝可怕的聲音又要來了，所以當您發現狗狗有以上狀況，會建議盡快聯絡「行爲獸醫生」尋求下一步的幫助喔。

主人原以爲愛犬的聲響恐懼症是正常現象，會詢問我的意見。聽完建議後，又覺得沒關係，先觀察看看再說。結果，某天清晨，天空突然打雷，發出轟隆轟隆的巨響，狗狗又嚇得發抖。主人馬上私訊，詢問究竟該如何改善愛犬的聲響恐懼症。

坦白說，寵物行爲訓練師或著行爲獸醫生[28]都不可能及時處理這樣的問題，或是在很短時間內迅速解決此問題。事實上，狗狗不良行爲的問題一旦發生，不可能自動消失。只要狗狗沒接受教育或主人沒改變對待狗狗的方式，狗狗不良行爲的問題是不可能改善，而是會如滾雪球般愈滾愈大。很多毛孩爸媽存有迷思，總以爲狗狗長大之後就會變好，或是等到問題變嚴重了，才會前來尋求協助。因此，要特別提醒的是，千萬別等到問題變得一發不可收拾，才要尋求專業協助。

狗狗的不良行爲，反映主人的作爲

常見的狗狗行爲問題，通常有很多原因，包括飼主的行爲、環境、疾病等。其實，狗狗的行爲往往會反映主人的作爲，也就是說，「什麼樣的人養什麼樣的狗。」

如果主人認爲狗狗的行爲是不良行爲，代表這些行爲讓主人非常困擾，問題的原因很可能就出在主人的身上。所以要先檢視狗狗做這些行爲背後的原因，或是主人少做了什麼事情，才導致狗狗有這些行爲。例如，幼犬需要磨牙的階段，可能是缺少啃咬東西可啃咬，才會老是去咬桌腳，或是主人沒有消耗狗狗的體力，導致狗狗精力旺盛，在家搗蛋、亂咬物品。

在教學過程中，我遇過兩種主人，一是採用正確教育，希望狗狗一開始就在對的起跑點

---

28 行爲獸醫生意思是指，本身擁有獸醫生執照和訓練師執照的醫生，可以透過寵物們心理上的不舒服或病狀給予適當的保健品或藥物去幫助狗狗們，也可以說是寵物界的心理醫生。

上，主動尋求寵物行爲訓練師教導狗狗正確的行爲。二是反正先養看看再說，養狗又不難，應該不會有問題，萬一發生問題再解決就好。

若要改正狗狗的壞行爲，我會著重於調整主人的行爲模式。換句話說，狗狗的行爲訓練，不只教狗，也在教主人。很多人認爲，寵物行爲訓練師的工作是教導狗狗不要亂咬人、亂咬其他狗、亂吠叫及亂撲人。事實上，寵物行爲訓練並非只是訓練師與狗狗之間的互動而已，更重要的是建立主人與狗狗之間的溝通及互動模式。因此，在訓練過程中，狗狗不見得永遠都是「被教育」的角色，有時候主人才是眞正該接受正確觀念的一方。

更何況，狗狗的行爲問題，十之八九都是主人所造成。即使寵物行爲訓練師很厲害，把狗狗教會、教乖了，但只要主人養狗的方式沒改變，最後狗狗的不良行爲還是可能故態復萌。

決定養狗之前 先想清楚並做好功課

有些人養了一隻狗，覺得狗狗不乖、養壞了，或是狗狗愛亂叫，乾脆棄養狗狗，直接丟掉這個「燙手山芋」。這種情況很常見，尤其是最常發生在品種犬。這就像是到夜市撈金魚回家後，養到不想養就丟棄或著倒水溝，不懂得愛惜生命。

我鼓勵主人在養狗狗之前，必須先做好功課，包括飼養費用、如何照顧及教育等。這就像許多女性懷孕後，要參加媽媽教室的課程。在美國、澳洲等國家，女性生產後，新生爸媽必須先學會如何幫嬰兒餵奶、洗澡、換尿布，以及處理吐奶等問題後，才能出院。事前教育很重要，台灣在動物生命教育的規範太少，許多人對於如何飼養寵物的認識不足，以致於常是亂養，結果「養」出許多問題。

曾有位七十幾歲的阿嬤，從美國返台，定居於高雄。因年輕時常養狗，喜歡狗狗，且擁有正確的飼養觀念，於是她決定養一隻米克斯，並帶來我的教室上課。沒想到，一

Miki小叮嚀

挑選適合自己養的犬種，調教成有禮貌的狗狗

很多人養寵物，是衝動型消費。眞心建議想要養寵物之前，要好好想清楚，牠是生命，不是玩具。沒有任何一種動物拿刀威脅你要養牠，既然是你自己心甘情願接牠回家，就要承諾照顧牠一輩子。天底下沒有最棒的狗狗，只有最適合你的狗狗。如果覺得自己的個性很宅，不喜歡外出，可考慮飼養吉娃娃，而非黃金獵犬。挑選出適合你自己飼養的品種後，再教育成有禮貌的狗狗。

不小心，她被米克斯拖到跌倒，需要復健。

即使飼養寵物前有做功課、飼養觀念也正確，但仍應評估自身狀況，包括年齡、身體條件等。以這位七十幾歲的阿嬤而言，應該飼養體型小一點的狗狗，而非體型和力氣大的米克斯。

其實，無論大狗或小狗，都是超愛主人！牠們每天等主人下班回家，願意做任何事，討主人開心。因此，毛孩爸媽一定要善待狗狗，給予正確的教導，狗狗才不會因爲壓力大或爲了引起主人注意而做出不適當的行爲，結果導致被棄養或變成流浪犬。

5-6 狗狗有分離焦慮，該怎麼辦？

在飼養狗狗的過程中，毛孩爸媽一定會遇到各種行爲問題，譬如吠叫、隨處便溺、破壞家具或衣物、個性太黏人等等。狗狗是情緒敏感且聰明的毛小孩，與人類一樣，也會有分離焦慮。

分離焦慮有時可能是引起狗狗行爲問題的關鍵原因之一，亦是毛孩爸媽在養狗過程中不可忽略的問題，需要透過耐心陪伴與行爲訓練，才能幫助狗狗度過分離焦慮。

錄下狗狗生活現況，尋求專業評估

首先，需要澄清的是，「分離焦慮」與「分離焦慮症」是不同的狀況。很多人對分離焦慮症有所誤解，以爲主人一離開或出門上班，狗狗狂叫不停，就與分離焦慮症劃上等號。

事實上，分離焦慮是一種行爲問題，主人可能因爲最初飼養時給予極高強度的陪伴，之後工作或生活忙碌而抽不夠時間陪伴，讓狗狗精力無處可宣洩，產生了吠叫等其他問題。

至於分離焦慮症，則有本身也許有這樣輕微的症狀，主人又疏於照顧和陪伴，慢慢讓分離焦慮症的症狀越來越明顯和嚴重，而已無法單純透過訓練師去調整和改善的症狀，就需要透過行爲獸醫生看診給予適當的藥物去緩解一些症狀。

可能導致狗狗產生分離焦慮的因素很多，例如狗狗對離別不熟悉，或曾有過心理創傷。突然轉換生活環境或模式，像是搬家、更換房間、改變生活作息等，也可能讓狗狗覺得焦慮不安。日常活動量不足，狗狗未獲得足夠的關注與陪伴，也可能導致焦慮。狗狗的個性也可能是產生分離焦慮的因素之一。天生個性獨立的狗狗，能自在獨處，較不容易出現分離焦慮。反之，天生個性黏人的狗狗，老喜歡跟在主人身邊，較容易有分離焦慮的現象。另外，狗狗也可能因爲太無聊或沒事做，才會咬沙發，宣洩焦躁不安的情緒。

由於狗狗不會說話，無法確切表達自己的不適。但毛孩爸媽可從狗狗在日常生活中的行爲，來觀察是否可能有分離焦慮的狀況。

假如狗狗每天單獨在家時都可以進食、喝水、玩耍及睡覺，只要有做到其中一項，再加上能夠出門散步、游泳、爬山或跟主人玩耍，回到家後，馬上累癱倒頭就睡，只是偶爾見到主人離開或不在身邊就吠叫，這就不是分離焦慮症。

但如果狗狗單獨在家時沒辦法吃飯、喝水、睡覺，只要主人一離開身邊或不在家，就焦慮不安，甚至長至4到8小時都不進食不睡覺，很可能有分離焦慮症的問題。建議毛孩爸媽可在家裡安裝攝影機，錄下狗狗的日常生活狀況，以供寵物行爲訓練師或行爲獸醫師判斷。

至於如何判斷狗狗是否有分離焦慮症，須由專業的行爲獸醫師評估與診斷。透過主人提供的影片，行爲獸醫師可分辨狗狗有無罹患分離焦慮症，再決定是否要藉由行爲訓練或搭配藥物，加以矯正及改善。

主人情緒，直接影響狗狗心情

狗狗與人類一樣，情緒和行爲很容易受身體或心理狀況影響。養了狗狗之後，主人的行爲不但會反映在狗狗身上，就連主人的情緒，不論是高興或焦慮，也會直接影響到狗狗。

這點跟人類的世界很相似。有些爸媽的個性很急躁、不耐煩等待，孩子的性情也會變得比較容易心浮氣躁；有些爸媽很容易緊張、焦慮，孩子的心情也連帶跟著比較會緊張、焦慮。如果爸媽不願意面對自己的焦慮，把焦慮的情緒轉嫁到孩子身上，自然會導致孩子變得很焦慮。同理可證，毛孩爸媽保持愉快的心情，放輕鬆一點，狗狗也會跟著比較開心，讓身心靈更健康。

此外，籠內訓練可讓狗狗學習獨處的能力，在自己的空間玩玩具、啃骨頭、睡覺等，即使面對主人要出門，也不會有分離焦慮。只要讓狗狗對籠子產生正向的安全感，當牠感到焦慮或需要休息時，就會躲進籠子內，安穩地待在裡面，緩和焦慮的情緒（但如果前面初步判斷有機會是分離焦慮症，就算透過正確的籠子內訓練也無法減低症狀，還是需要透過搭配藥物或許會有較大的機會調整和改善）。

狗狗的情緒與人類很相似，都需要被理解，才能找到問題的根源。毛孩爸媽平時可多留意愛犬的生活狀況，站在狗狗的立場著想，並以愛與同理心陪伴牠們，將有助於減少狗狗的分離焦慮感。

Miki 小叮嚀

該看行爲獸醫師，還是找寵物訓練師？

狗狗的行爲問題，通常與狗狗的需求未獲得滿足有關。當毛孩爸媽未能理解狗狗的行爲表現時，就會在狗狗的生活中累積挫折，並形成大大小小的壓力。基本上，行爲獸醫師是擁有行爲訓練執照的獸醫，可以開藥方。寵物訓練師類似心理諮商師，可提供心理諮詢和行爲訓練，但不可以開藥。毛孩爸媽可依照狗狗的行爲問題，尋找適合的行爲獸醫師或寵物行爲訓練師，以獲得專業的協助。

5-7 家裡養了兩隻以上的狗狗，彼此若有衝突，該如何處理？

有些毛孩爸媽覺得養一隻狗狗很孤單，飼養兩隻狗狗恰恰好，可以帶給家庭更多歡樂。但事實上，可別把事情想得太簡單，即使是同一窩生出來的狗狗，也不見得會相親相愛。畢竟，狗狗之間的相處，需要時間磨合。如果又加上彼此互相爭寵、愛計較，甚至發生衝突、互咬打架時，恐讓毛孩爸媽心煩到無法好好休息。

毛小孩世界，沒有兄友弟恭這回事

人類社會中，有句口號：「一個不嫌少，兩個恰恰好，有手足眞好！」可是，這句話恐怕不太適用於毛小孩的世界。

許多毛孩爸媽都有天眞的想法，以爲只要養兩隻同一胎出生的狗狗，這兩隻狗狗就會相親相愛，猶如家人般相互扶持。實際情況卻是在狗狗的世界裡，沒有禮讓、道德，或是兄弟姊妹相親相愛這回事。在人類的世界裡，爸媽有時會說：「你是哥哥（姊姊），你就讓一下弟弟（妹妹）嘛！」這句話套用在狗狗身上，完全行不通。

主人飼養第一隻狗時，狗狗的心裡會認爲：「整個家都是我的。」當主人養了第二隻狗，第一隻狗一開始也許沒有太大感覺，直到第二隻狗逐漸瓜分主人的時間與注意力，才會有強烈的威脅感。

畢竟，主人一天只有24小時，假設每天可以陪伴狗狗的時間僅有2小時。第一隻狗原本可以獲得主人全心全意的照顧，但第二隻狗加入後，就會搶走主人的部分時間與關注。

因此，主人不在家時，兩隻狗狗通常會和平相處。可是，只要主人一出現，兩隻狗狗就會爭寵、打架，互相爭奪主人的關注。對狗狗來說，主人的關注是最重要的資源，代表了食物、照顧、陪伴及安全的家。爲了讓自己獲得更多的資源，最好的方法就是獲取主人的注意力，讓主人寵愛及關注到自己。

狗狗乖巧時，主人通常不太會特別注意牠。可是，兩隻狗狗互咬時，主人會說：「不行」，出聲制止。狗狗聽不懂主人的意思，卻學到只要互咬，就可以引起主人的關注。

有的毛孩家庭中，第一隻狗因爲先來家中稱爲哥哥或姊姊，第二隻狗順理成章變成的弟弟或妹妹。第一隻狗對第二隻狗很兇，主人說：「不行唷，那是弟弟或妹妹。」第一隻狗只會學到對第二隻狗兇，就能引起主人的關注，主人會給予更多照顧。

家中飼養兩隻狗狗時，有些主人只疼愛某一隻狗，有些主人則會心懷愧疚感，先只帶某一隻狗出門散步，然後再帶另一隻狗出門散步。但這種陪伴方式只會讓兩隻狗狗吵得更兇。其實，較恰當的作法應該是兩隻狗狗在一起時，主人要給予最多的關注，而不是分開給予關注。

狗狗打架，爭奪主人關愛與陪伴

透過主人的聲音和表情，狗狗可以察覺主人不開心。然而，由於狗狗無法自行分辨對錯，一旦情緒壓抑過久，或是長期得不到主人的關注，就會發展出其他行爲，例如咬沙發、桌腳等等。

大多數毛孩爸媽會觀察狗狗行爲和動作的明顯變化，卻往往忽略狗狗的細微情緒和行爲問題。建議平時應多留意並理解狗狗爲何會情緒不佳或有行爲問題。

切記，如果兩隻狗狗打架、互咬到見血，就是很嚴重的問題。而且狗狗之間一旦打架到見血，是很難調整回去的行爲，未來只能預防發生。因爲兩隻狗狗一打架，就會學到打架是有效的，可以引起主人的關注。

如果兩隻狗狗互咬，愈來愈頻繁，雖然毛孩爸媽覺得很麻煩，還是要在第一時間內妥善處理這個問題，否則進展幾天後，狗狗打架的問題只會愈來愈嚴重，甚至一發不可收拾。

事實上，狗狗並非眞的要打架，而是希望得到主人的關注和陪伴。預防狗狗打架的方法很多，例如有些獎勵如出門散步，只有兩隻狗狗在一起時才能出門散步，這樣狗狗就會超級期待另一隻狗狗的出現。兩隻狗狗在一起時，毛孩爸媽要給予最多的關注，而非單獨只陪某一隻狗狗玩。

兩隻狗狗相處過程中，難免會有爭寵、搶食物或玩具等競爭行爲。而想化解兩隻狗狗的衝突，唯一辦法就是盡量公平對待。比方說，同時給牠們食物、同時撫摸牠們、同時帶牠們出門散步等。而兩隻狗狗所使用的用具及物品，也必須各自準備一份。當兩隻狗狗因爭寵而互相攻擊，毛孩爸媽最好即時離開現場，切勿站在兩隻毛孩中間，避免受傷。還要注意切勿反應過度，否則狗狗會誤以爲你在陪牠們玩耍或著無形中增強了極高的關注而且還是在不良的行爲上。不過兩隻狗狗爭寵的行爲，還是要尋求專業寵物行爲訓練師協助。

養第二隻狗，先讓牠聽懂主人指令

我養了第二、三隻狗時，都會先預防爭寵情況發生。無論是老手或新手飼主，如果準備要養第二隻狗，必須先做好心理準備，狗狗之間一定會互相爭寵，毛孩爸媽最好先學會如何預防狗狗打架、如何給予兩隻狗狗同樣的關注，否則養了第二、三隻狗之後，爭寵的問題會變得更嚴重。畢竟，主人每天可以陪伴狗狗的時間有限。

有些毛孩爸媽存有迷思：乾脆養第二隻狗來陪伴第一隻狗。這樣的想法在狗狗的世界裡，根本行不通。狗狗要的是主人的關注，而非另一隻狗的陪伴。另一隻狗的出現，只會瓜分主人的陪伴時間與寵愛。

更何況，如果第二隻狗依賴第一隻狗，就會開始忽略主人的存在。在多年教學經驗中，我常觀察到的情況是，毛孩爸媽養第一隻狗時，花很多時間陪伴牠、關愛牠，但因爲實在太忙，於是動念想要養第二隻狗，讓牠來陪伴第一隻狗。結果，第二隻狗過度依賴第一隻狗，只要第一隻狗不在家，可能去看獸醫，第二隻狗就會很焦慮，茶不思飯不想。一旦第二隻狗得不到主人的關注，就會找同類取暖，最後演變成只依賴第一隻狗，每天都黏在一起。

若要讓第一隻狗和第二隻狗和平相處，這兩隻狗狗必須先學會與人類溝通、互動的語言。如果這兩隻狗狗無法理解主人的指令，就會創造牠們自己溝通的語言。結果可能出現第一隻狗聽得懂主人的指令，但第二隻狗只聽得進第一隻狗的話。

我帶第二隻狗回家飼養，一開始會先單獨帶牠出門訓練，讓牠先聽得懂主人的語言和指令，並能確實做到後，再讓第二隻狗和第一隻狗相處，而非一開始就讓兩隻狗狗獨處。其實，不論養第幾隻狗都是相同作法，新狗加入家庭時，其他狗狗仍可以維持正常生活作息，這點很重要。

飼養兩隻以上狗狗的難度，其實要比飼養一隻狗狗的難度更高，更費心思。畢竟，照顧、教養毛小孩，並非一件輕鬆容易之事。對於愛狗成痴的毛孩爸媽而言，想要再養第二隻狗之前，請先想清楚並做好心理準備，才能過著幸福而開心的養狗生活。

澳洲牧羊犬滾滾和走走

5-8 大狗帶小狗，只會一起變壞，不會一起學好

毛孩爸媽決定養第二隻狗之後，將面臨照顧及教養上的種種挑戰，必須要先做好心理準備。尤其是千萬別告訴第一隻狗：「那是你的弟弟或妹妹」、「弟弟或妹妹以後會陪你一起玩」，甚至別抱持「大狗會照顧小狗」這種不切實際的期待。

大狗不會教小狗學好，只會一起做壞事

任何新成員初到家裡，都需要磨合期。毛孩爸媽對待老狗和新狗狗，應給予多一些耐心與關愛。不過，千萬別天眞以爲大狗和小狗在一起，彼此會互相學習與成長。在人類世界中，年紀大的孩子會教導年幼的小孩，但狗狗的世界中，並不會有大狗教小狗這回事。

基本上，先加入家庭的第一隻狗，聽到主人喊「坐下」的指令，坐下後得到食物，這是透

過反覆訓練與教育所習得。後加入家庭的第二隻狗聽到主人喊「坐下」的指令，也會跟著坐下後得到食物，卻不是透過學習和教育而來。

第一隻狗去尿尿，第二隻狗不會跟著去尿尿，如果會去，也只是因爲聞到味道，刺激生理反應，所以跟著去排尿。這是動物本能，無須透過學習與訓練而來，如同呵欠的傳播方式是由一個人感染另一個人，從而形成一股行爲連鎖反應。我們不只是看到別人打呵欠時會打起呵欠來，就連聽到打呵欠的聲音也同樣可以引發我們的呵欠。

坐下、趴下等行爲，是狗狗的本能。主人用指令，只是增強狗狗完成這兩種行爲。但翻滾、跳火圈、後空翻等動作，並非出自於狗狗的本能，必須要經過教導和訓練，狗狗才學得會。

飼養兩隻狗狗時，若未經過適當的行爲訓練，常可見到的情況是大狗帶著小狗一起做壞事，譬如一起吠叫、搗蛋，或是把衛生紙咬出來玩。因此，狗狗要學習和教育，才能學會基本的禮儀，融入並適應人類的社會。

先來後到順序，不會影響狗狗社會地位

我訓練狗狗時，喜歡大狗、小狗混齡教學，課堂上可能有體重僅400公克的吉娃娃，也有僅

兩、三個月大的高山犬，卻重達30公斤。大小狗混齡教學的目的，是爲了讓牠們認識眞實的世界，而非期待大狗幫忙教小狗。

此外，有些毛孩爸媽存有錯誤的迷思，以爲先餵A狗吃飯，A狗就是老大；或A狗對B狗兇，先餵B狗吃飯，讓B狗成爲老大。但事實上，狗狗之間的社會地位，不是人類可以控制，而且這種社會地位也無法透過餵食來改變或訓練。也就是說，並非先來家裡的第一隻狗，就是老大。先來後到的順序，並不會影響狗狗之間的社會地位。

比方說，我曾養了三隻貓，分別是兩隻公貓、一隻母貓。經過仔細觀察後，我發現母貓的地位最高。但動物的社會地位與年紀、體型及性別無關。你理解所養的狗狗嗎？你知道誰是家裡的老大嗎？建議你可以仔細觀察狗狗一天的行爲，或是狗狗與貓咪之間的互動關係，就可以得知誰是家裡的老大。而這也是養寵物的生活樂趣。

飼養第二隻狗狗時，要記得幼犬的學習黃金期是在2到4個月大左右，毛孩爸媽最好把握訓練的黃金期。帶第二隻狗狗回家後，先避免兩隻狗狗在一天24小時內都關在一起生活，以免第二隻狗狗只學得會狗狗的溝通語言。

這種情況就像是兩人到法國留學，先去的人爲了融入當地社會與生活，通常會先學會法文。後去的人往往會依賴先去的人，因爲講中文比較簡單且方便溝通，最後不見得學會說法文。

因此，建議一開始先分開飼養2到6個月，一隻狗睡客廳，另一隻狗睡房間，每天早晚開放30分鐘可以玩在一起，其他時間則是分開飼養。過了6個月，等到第二隻狗狗聽得懂主人的語言，學會主人的指令，也習慣另一隻狗的存在，再讓兩隻狗狗在同一空間一起生活。

CHAPTER 6

樂 透過玩樂，增進人狗之間的親密關係

狗狗情緒小測驗

小孩的喜、怒、哀、樂，常決定全家人是否可平靜生活，絕對不能等閒視之；同樣的，唯有可有效控管、安撫毛小孩的情緒，飼主全家才能祥和地過日子。

飼主一定得充實相關知識與資訊，才能有效控管、安撫毛小孩的情緒。而充實相關資訊的第一步，建議飼主可先填寫「狗狗情緒小測驗」，再根據得分結果，發現自己是否有應補強之處。

○ ×

❶ 狗狗又不是真的小孩，沒幫他們準備玩具，應該無關緊要！

❷ 如果狗狗持續「搞破壞」，飼主應抽出時間，陪伴牠們玩耍，讓牠們停止破壞。

❸ 狗狗長大後，牠們應當就可「自得其樂」，飼主不必再陪伴牠們玩遊戲！

❹ 狗狗就像小孩，如果飼主每天都帶牠們帶同一個地方散步，牠們也會感到膩煩。

❺ 如果狗狗一直聽不懂指令，飼主也應檢討，自己的指令是否不夠清楚。

❻ 偶爾對狗狗惡作劇，不過是跟牠們開玩笑，不會對牠們有任何不良影響。

❼ 如果狗狗持續出現「異常」行爲，飼主應儘速帶牠們就醫，確認牠們是否生病。

❽ 飼主的生活、作息愈健康，狗狗身心也就愈健康。

□ ❾ 飼主陪伴狗狗，方式愈多元愈好，狗狗會因爲新鮮感，而更喜歡主人的陪伴。

□ ❿ 狗狗如果變得「很壞、很皮、很難以溝通」，飼主不必理會牠；過一段時間後，牠就會自動「恢復正常」。

解答在最下方。計分方式：答對得 1 分，答錯得 0 分。

得分：

★ **介於 8 至 10 分：**你對狗狗的情緒起伏，認識得相當透徹，請繼續掌握本書所提到的重點，當個稱職的好飼主。

★ **介於 5 至 7 分：**雖然你相當關心狗狗的情緒，但對如何有效控管、安撫毛小孩的情緒，仍存有若干誤解，希望這本書能增進你對狗狗情緒的認識。

★ **4 分以下：**你對狗狗情緒的認知與理解，還有頗大的進步空間，期待這本書能協助你，進一步認識自家的狗寶貝。

再度提醒所有飼主，狗狗也會有情緒起伏，也會害怕、緊張、鬧脾氣，飼主應多陪伴狗狗散步、運動、遊戲，安定牠們的情緒，更不要無故捉弄、處罰牠們，讓牠們生活在惶恐中。

解答：第 1、3、6、10 題的答案爲「X」，第 2、4、5、7、8、9 題的答案爲「○」。

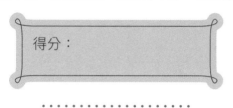

6-1

如何慎選玩具，讓愛犬不無聊？

根據研究，狗狗的智商約莫等同於2到3歲的兒童，隨著年齡增加，狗狗的心智也會略爲成長，但幅度不大。因此，無論是哪個年紀的狗狗，都像小孩一樣，需要有自己的玩具；對老狗而言，玩具不僅可供玩耍，還可充當復健的輔具，一舉雙得。如果捨不得花錢買玩具，其實就不適合養狗；但不得不說的是，仍有許多飼主忽略狗狗玩玩具的需求。

適合大狗、小狗、幼犬、成犬、老犬玩耍的玩具，基本上大同小異，但飼主可爲年齡較長的狗狗，添購困難度較高的玩具，以拉長玩具的「賞味期」。我將市面上狗狗的玩具，分成益智類玩具、拉扯類玩具、你丟我撿類玩具等3大類；3大類玩具缺一不可，飼主不要只購買其中1種，或2種。

當然，大狗、小狗可玩相同款式的玩具，但飼主應根據自家愛犬的體型，挑選合適尺寸的玩具。例如，最常見的益智類玩具——嗅聞墊，體積較小的犬隻如吉娃娃，可使用面積較小的嗅聞墊，而30公斤以上的大狗，就得爲牠們購置面積較大的嗅聞墊。

若不買玩具，狗狗就會破壞家具

3大類狗狗玩具的功能不同，多數益智類玩具較適合在家中玩，可以讓狗狗自己玩，主人也可陪狗狗玩，讓狗狗待在家裡，也不無聊。但除非居家夠寬敞，且有適合狗狗玩的獨立空間，否則拉扯類玩具、你丟我撿類玩具不適合在家中玩，建議在戶外玩；且此類玩具，飼主一定得陪狗狗玩，狗狗很難自得其樂。

有些家長將玩具「塞」給小孩，希望小孩可以自己玩上幾個小時，最後總事與願

▶ 澳洲牧羊犬走走玩玩具

違。即使玩具再新穎、再有趣，大多數小孩仍希望有人陪玩；倘若無法如願，小孩會用盡各種方式，逼大人就範。

狗狗就像小朋友，如果飼主不幫狗狗買玩具，或已幫狗狗買玩具，卻不肯陪狗狗玩，狗狗就會持續「搞破壞」，吸引主人的注意力。例如，狗狗滿心期待主人陪玩，但主人卻毫無反應，狗狗就會咬沙發，或咬主人的拖鞋、衣服、抱枕等，直到主人罵牠（狗狗獲得關注）；之後，如果主人仍不陪牠玩，牠就不會停止破壞行爲。

小朋友對待玩具，總是喜新厭舊，狗狗也是如此；狗狗可能特別喜歡1、2個玩具，但其他玩具玩了幾天，就意興闌珊。當狗狗玩膩現有玩具時，飼主若覺得狗狗的玩具已經夠多元、多樣，不一定要添購新玩具，可將舊玩具組合，或將部分玩具預先藏起來，當狗狗無聊時再拿出來，狗狗就會以爲有了新玩具。周而復始地操作，飼主便可降低買玩具的支出。

玩具的材質、造型應盡量多元化

那麼，飼主該如何幫狗狗挑選玩具呢？我一向主張，飼主應優先挑選自己喜歡的玩具。因爲如果飼主不喜歡，就不會陪狗狗玩，就算勉強陪玩，時間也一定很短暫，玩具很快便淪爲閒置物，白白浪費一筆錢。

其次，狗狗玩玩具，常常是咬玩具、抓玩具。所以，飼主在幫狗狗挑選玩具時，材質、造型應盡量多元化，讓狗狗玩不同玩具時，有不同的口感、觸感、嗅覺，增加牠們的玩興；如果玩具本身會發出聲音，狗狗會更喜歡。

在此，特別提醒飼主，切勿將舊的或壞掉的襪子、背包，或其他已不再使用的生活用品，充當狗狗的玩具。因爲，人類分得清襪子、背包、生活用品是否堪用，但狗狗卻分不清，也很難教會；當狗狗玩過襪子、背包、生活用品後，就會以爲這些東西是玩具。不久後，狗狗就會玩還在使用中的襪子、背包、生活用品，飼主還得花許多時間、精力，才能糾正狗狗的偏差行爲。

不能讓狗狗玩的東西，就絕對不要給狗狗玩，一次也不行。曾有一位貴婦爲了逗狗狗開心，還讓狗狗咬名貴的ＬＶ包；沒想到，之後狗狗私底下也偷咬ＬＶ包，將限量款ＬＶ包咬壞了，讓貴婦追悔不及。

狗狗玩具是消耗品、壞了就該丟

目前，政府尚未訂定法規，規範寵物玩具的材質、原料；於是，市面上的狗狗玩具雖然爭奇鬥艷、琳琅滿目，卻也危機四伏。許多狗狗玩具含有超標的有毒化學物質，不僅會危及狗狗的健康，飼主也可能成爲連帶受害，所以一定要慎選玩具。

安全的玩具，才是好玩具；但昂貴的狗狗玩具，不一定就是安全的玩具。飼主爲狗狗購買玩具時，應該先聞一聞，刺鼻化學味濃重的玩具，就算再便宜，仍不買爲宜；建議可挑選標示「安全標準與嬰兒玩具同等級」的狗狗玩具，較爲穩妥。

Miki小叮嚀

狗狗的玩具應定時清洗

無論是嬰幼兒的玩具，或狗狗的玩具，都應定時清洗。而太陽是狗狗飼主的好朋友，飼主在清洗狗狗玩具後，可靜置太陽下曬乾，還可同時殺菌。

除了爲狗狗的玩具殺菌，飼主因常接觸狗狗，也建議添購有濾網的烘乾機，爲自己的衣服、褲子、襪子除毛。我每次使用烘乾機，總會蒐集到滿濾網的毛，但我的衣服、褲子、襪子也煥然一新；如果住家沒有空間放置烘乾機，建議飼主可到自助洗衣店，使用寵物專用烘乾機。

除此，飼主爲狗狗挑選玩具時，也要衡量狗狗的「破壞力」，特別是大狗；一定得購買不易解體的玩具，以免新玩具才買沒多久，就被狗狗咬得四分五裂，還得重新再買玩具。玩具的體積也不能太小，否則可能會被狗狗吞下肚，釀成不必要的意外。

最後，我特別強調，狗狗的玩具大多是消耗品，不可能玩上好幾年，如果已經破損或壞掉了，就應該捨棄，不要留在家中。否則，這些已經破損或壞掉的玩具不僅佔空間，若讓狗狗持續玩，更容易引發不必要的危險，如誤食玩具，或遭化學物質污染，有害而無益！

6-2 和心愛的狗狗一起進行的小遊戲

飼主爲什麼要陪狗狗玩遊戲？如同上一節所說的，飼主不僅要幫狗狗買玩具，還要陪狗狗玩，才能降低牠們破壞傢俱、生活用品的機率。幼犬約莫在3個半月大時，就進入口腔期（換牙），一直延續到6個半月大；此後，如果飼主不陪狗狗玩，狗狗就會到處亂咬、亂撕，就像不給小小孩圖畫紙，小小孩就會在家中牆壁亂塗鴉。

不管是哪個年紀的狗狗，都需要飼主陪玩。飼主陪狗狗玩遊戲，有3大好處，首先是寓教於樂，飼主可透過玩遊戲，教導愛犬正確的行爲規範，哪些可以做，哪些不可以做，比其他訓練方式更有效！

其次，飼主陪狗狗玩遊戲，好比家長陪小小孩運動，可讓小小孩充分「放電」，晚上好吃、好睡。狗狗的運動，其實就是玩遊戲；如果狗狗的體力，在白天沒有發洩的管道，晚上就會難

以入睡，飼主自然難以獲得安寧。

其三，爸媽要跟兒女培養感情，關係才會親密，兒女放學回家後，爸媽得陪兒女聊聊天、看看電視；而且，親子互動最好天天都進行，不可斷斷續續。同樣的，主人可透過玩遊戲，與狗狗培養感情、默契，愈常與狗狗玩遊戲，彼此的感情愈深厚。

家中、戶外、水域都可玩遊戲

飼主陪狗狗玩遊戲，主要可分在家中、在戶外、在水域等3種場域。當然，飼主在選擇遊戲時，也得視狗狗的體型、年齡而定，不要勉強；年齡較長的狗狗，不適合從事較激烈的遊戲。

與狗狗在家中玩遊戲時，飼主也得根據居家面積寬窄，選擇遊戲的種類。其實，並非彼此相互拉扯、你丟我撿，才算是遊戲；飼主摸摸毛孩的頭，抱抱牠、稱讚牠幾句，都可讓狗狗感受到主人的關懷。或者，多讓狗狗參與家中的日常活動，也可增益狗狗的歸屬感、安全感；如主人在客廳看電視時，可讓狗狗待在一旁。

有些歐美國家的飼主，因爲居家空間較大，還會跟狗狗一起畫畫、做瑜珈；狗狗無法全盤仿效人類的瑜珈動作，只要牠願隨主人的動作，坐下、站起或趴下，就是優質的互動。若飼養的是體力較好的狗狗，如拉不拉多犬、邊境牧羊犬，飼主可考慮添購狗狗用跑步機，增加其在家的運動量，但最棒的運動還是主人離開舒服的沙發帶著狗狗一起外出跑跑吧！

如果飼主想透過遊戲，達到讓狗狗充分運動的效果，就一定要帶狗狗到戶外、水域玩；不願帶狗狗到戶外活動者，並不適合養狗。只是，帶狗狗到戶外、水域活動，得先看天氣、氣溫是否舒適，下大雨、高溫的日子，自然在家爲宜；倘若天氣、氣溫舒適，也得再觀察狗狗的身體狀況，假使狗狗看起來很疲憊，就不用勉強拖牠出門。

因爲狗狗只有舌頭、腳掌可散熱，若處在高溫環境的時間略長，很容易中暑、熱衰

▶臘腸陽陽水裡玩玩具

竭。台灣夏天非常炎熱，飼主在夏天帶狗狗出門，更要加倍小心、謹慎，早上10點後到下午5點前，都不適合外出；飼主還得特別注意，不要將狗狗從炎熱的戶外，直接帶進冷氣房，狗狗無法像人類般快速散熱，中暑、熱衰竭機率大增。

不要每天都到同一個公園遛狗

帶狗狗出門，飼主一定得準備好牽繩、飲用水與便便袋，以備狗狗不時之需，並善盡優良國民的責任。在戶外，飼主可與狗狗玩的遊戲很多，如丟球、丟飛盤，也可盡情地追趕跑跳碰；狗狗可以陪飼主慢跑、登山、露營的良伴，主人可透過這些活動，帶領狗狗認識、探索這個世界。

一開始遛狗，飼主多半選擇居家附近的公園。不過，等狗狗熟悉這座公園後，飼主就要擴大遛狗的範圍，不能老是逛同一座公園；畢竟，一座公園再大、再好玩，狗狗若天天造訪，總會有玩膩之日，就像人們每次都逛同一家百貨公司，也會意興闌珊。

狗狗探索世界，主要靠觸覺、嗅覺、視覺、聽覺等感官；根據研究，狗狗嗅聞10分鐘，運動量約等於散步30分鐘。在人們眼中大同小異的兩座公園，對狗狗而言，卻截然不同，因爲草的觸感、花朵的香氣、昆蟲的形狀、周遭的視野與色調都不一樣。經常帶狗狗到不同的公園、景點，會讓狗狗有更豐富的感受，身心將更健康，與主人的關係更融洽。

所以，狗主人心中應內建一個遛狗地圖，並記住周遭公園的特點，哪個公園有林蔭步道，哪個公園有噴水設施，適合在何種狀況下遛狗；若有閒暇時間，再帶狗狗探索新的公園、景點。如此，狗狗將更願意出門運動，不必三催四請，有時還叫不動。

在戶外，丟接球是最適合飼主、狗狗互動的遊戲，但記得在過程中，多稱讚狗狗，或以零食獎勵牠，讓狗狗愛上戶外運動。

狗主人若在公園結識其他狗主人，可相

Miki小叮嚀

嗅聞墊是養狗必備用品

嗅聞墊或嗅聞球，既可激勵狗狗運動，又可刺激狗狗腦部活動，一舉兩得。狗狗是紅、綠色盲，可看見黑白色階，還有黃色和藍色；飼主若將飼料、零食，藏在嗅聞墊中，讓狗狗啟動嗅覺、尋找食物，在運動之餘，又可增進狗狗的食慾。

但建議飼主，如果狗狗有挑食的習慣，應先改正其惡習，再使用嗅聞墊。倘若飼主沒有時間設計遊戲，或陪狗狗玩，可將牠喜歡的零食，放在房子各個角落，並引導狗狗去找零食，達到遊戲、運動的效果。

約一起遛狗，並陪狗狗們玩遊戲，更容易建立起遛狗的習慣。不過，狗狗在公園認識狗朋友，雖可讓狗狗更開心，但飼主應提防，愛犬被狗朋友「帶壞」；根據我長年的觀察，狗狗不會向其他狗狗學習好的舉止，不良行爲卻「傳染」得很快。

遛狗的重點在於，培養飼主與愛犬的感情，讓狗狗感受到主人的關懷，而非讓狗狗聯誼。這1、2年，帶狗狗玩水、從事水上運動，愈來愈受到狗主人歡迎；我也常呼群引伴，帶著狗狗前往台灣各個水域，足跡遍及高雄、墾丁、苗栗、宜蘭等地，有到海邊、公開水域，也多次造訪狗狗專屬的游泳池。

水上活動是夏日遛狗最佳選擇

陪狗狗一起玩水、游泳、玩SUP等水上運動，是夏日飼主與狗狗的最佳休閒活動。但讓狗狗從事水上運動，相關設備絕不可少，如幫狗狗準備救生衣、訓練用的長牽繩；飼主應帶愛犬從狗狗專屬游泳池玩起，之後再前進公開水域、海邊，且不可貿然將狗狗丟入水中，那不會有「驚喜」，只會有「驚嚇」！

特別要留意的，飼主帶狗狗在夏日玩水，不要因爲玩得太投入，忘記爲狗狗補充水分。從事水上運動的最大好處，乃是大多數狗狗不諳水性，興奮、疲累程度都遠遠超過平時的散步，晚上可以睡得更香、更甜！

▶ 澳洲牧羊犬走走游泳玩玩具

▶ 澳洲牧羊犬滾滾游泳玩玩具

6-3 如何與愛犬溝通無礙，瞭解狗狗的心意？

就連養狗經驗豐富的飼主，有時也不免感嘆，與愛犬溝通不良，「不知道牠的腦袋在想些什麼」。飼主與狗狗溝通不良，多半來自於飼主不夠瞭解狗狗的行爲模式，常用人類的行爲模式，來理解狗狗的所做所爲，自然容易錯解、誤解。不夠瞭解的根源，大多是飼主對狗狗的教育不足，或陪伴的時間不足。

經常發生的狀況是，狗狗千方百計想獲得飼主的關注，但飼主卻始終不理不睬；直到狗狗咬了主人的拖鞋，甚至主人的腳，主人才敷衍地回應。飼主的生活相對多元，但家犬除了外出散步，其他時間都待在家中；當主人也在家時，狗狗時時刻刻都在觀察主人的動態。

不過，狗狗的智商約等於人類的幼童，所以也時常誤解主人的動作，導致屢屢有錯誤的期待，而期待老是落空。但如果飼主不願好好教育狗狗，與狗狗建立良好的溝通機制，很容易反而被狗狗所「控制」。

狗狗聰明與否和品種無關

因爲當飼主、狗狗溝通不良時，狗狗的需求無法獲得滿足，就會亂吼、亂叫，主人才急忙餵牠，或帶牠出外散步、尿尿。若屢試不爽，狗狗就會發現，「這招很有用」，繼續用吼叫來使喚主人，與情感勒索無異！

想與狗狗溝通順暢，飼主得先細心、耐心地教育狗狗。當然，狗狗的聰明程度不一，有些狗狗學得比較快，有些狗狗學得比較慢；但根據我的教學經驗，所有狗狗都學得會。如果愛犬的學習速度較慢，飼主不必灰心，更不可中途而廢，只要繼續堅持，總會等到狗狗「開竅」的一天。

在網路的社群網站上，常見一些沒有科學根據的貼文，如哪些品種的狗狗比較聰明，較適合飼養，哪些品種的狗狗比較愚笨，不適合飼養。事實上，狗狗聰明與否，跟狗狗的品種沒有關係，飼主不要有先入爲主的偏見。

現在的教育制度，強調愛的教育；飼主教育狗狗，亦應如此。上一代的長輩養狗、養小孩，習慣以打罵管教，認爲打罵最爲迅速、有效。別以爲年輕一代的飼主不會打狗，他們若從小接受爸媽的「鐵血教育」，就可能會如此對待自己的狗狗。

不過，打狗會讓狗狗害怕，不再做某些讓主人生氣、討厭的事，但對狗狗的學習，沒有任何助益。我認爲飼主教育狗狗，應以鼓勵、獎勵爲主軸；狗狗跟人一樣，不喜歡挨罵、被處罰，喜歡被稱讚、被獎賞。飼主的稱讚、獎賞，會讓狗狗更有學習的動力，學習速度也將更快。

特別要強調的是，大多數狗狗很懂得察言觀色，很會「閱讀」主人的表情，如果主人露出讚賞的神情，牠們便大受鼓舞。飼主獎賞狗狗，不一定要送牠新玩具，或給牠吃「大餐」，摸摸牠的頭、稱讚牠幾句，或多花一些時間陪牠，就可讓牠非常開心。

沒有教不會的狗

狗狗的肢體動作、行爲模式，遠比人類簡單、易懂，容易判讀；飼主多花一些心思觀察，很容易判讀狗狗的喜怒哀樂。如果狗狗出現很委屈、很可憐的表情，臉上彷彿寫了「我死定了」幾個字，眼神不想與主人的眼神交會，雖然牠不知道發生什麼事，但他從主人的表情上感受到主人極度的不爽，但牠還是不了解你爲什麼這麼不爽。

如果狗狗夾著尾巴、發出哀鳴，明明天氣不冷，卻不斷地發抖，或神情畏縮、身體蜷曲成一團，甚至躲在椅子下，不敢向前一步，或不斷地喘氣、舔嘴巴，或像人類般地「裝忙」，代表牠很畏懼、害怕。

如果狗狗一直跳來跳去，代表牠很興奮。特別要注意的是，當狗狗搖尾巴時，可能是興奮，也可能是發動攻擊的前兆；有些人看到狗狗搖尾巴，誤以爲狗狗示好，上前摸牠的頭，結果被狗狗追咬，還不知發生了甚麼事。

根據我的教學經驗，我相信，世界上沒有教不會的狗。不過，有些領養來的狗狗，對人類防衛心較重，學習速度也會較慢。這些狗狗的媽媽可能被人類遺棄過、欺負過，就會教導幼犬「人類都是壞蛋」；主人得耐心教導，才能化解狗狗的心防，協助牠進入學習的正軌。

而且，如果狗狗未經過社會化的訓練，可能就比較難教。假使狗狗一直學不會，飼主不應只檢討狗，也該檢視自己，指令是否交代清楚；如果不夠清楚，可將指令拆解得更加簡單、易懂。如果主人不願意教育狗狗，或亂教一通，縱使狗狗再聰明，也學不會如何與人溝通。

狗有學習黃金期與叛逆期

人類有學習的黃金期，與調皮搗蛋、抗拒學習的叛逆期，狗狗同樣也有黃金期與叛逆期。

狗狗的學習黃金期，約莫是出生後2到4月時；若在此時，飼主開始教導社會化規範與溝通指令，狗狗學習的速度最快。

叛逆期大致與青春期同期，狗狗的叛逆期，約莫自出生後7到8個月起；這時，狗狗開始性成熟，變得不太聽話，甚至到處亂咬、亂尿尿。但狗狗的叛逆期，大概只有2個月，如果可以堅持維持幼犬時期上課所教的內容，約莫滿10個月後不久，主人會發現，狗狗突然變乖了，變得更好教了。（前提是您在學習黃金期時有參與寵物訓練課程）。

近幾年，有些飼主與狗狗溝通不良，會選擇求助於寵物溝通師；而在媒體的推波助瀾下，寵物溝通師日益受歡迎。其實，寵物溝通師主要的溝通對象是寵物，但飼主找寵物溝通師聊聊，或許也可以緩解一些飼主的情緒，但寵物溝通師或許可以幫助您了解寵物在想什麼，但眞正的行爲調整問題，還是建議找有執照的寵物訓練師調整和改善喔。

6-4 如何取得狗狗的信任？

飼主飼養狗狗，若從幼犬養起，當然比從成犬養起，更容易獲得狗狗的信任。如前文所述，狗狗在出生後2到4個月，飼主應教導牠社會化規範與溝通指令；在此時，亦是飼主與狗狗建立彼此信任感的最佳時機。

理解是增進信任的基石，誤解卻可能侵蝕、瓦解彼此的信任。飼主教導狗狗溝通指令，正爲了避免誤解，強化彼此的信任感；否則，主人剛舉起手，可能是要抓癢、撥頭髮，或只是多年的習慣動作，狗狗卻誤以爲要打牠，害怕得逃之夭夭，信任感便無從建立。

以鼓勵、稱讚增益彼此信任

與其他寵物相較，狗狗向以忠心著稱，甚至愛主人超過愛自己。在路邊、在公園，常常可看到一些狗狗，身上雖沒繫牽繩，卻緊跟著主人的身影，亦步亦趨、維持等距，足見其忠心程度。而且，大多數狗狗認定主人後，縱使被主人毆打、欺騙、威脅，甚至曾遭遺棄，依然沒有二心。

想獲得、增進狗狗的信任感，飼主應多鼓勵、稱讚、獎賞狗狗，並多陪伴狗狗、與狗狗互動，便可形成正向的循環。不過，縱使狗狗信任飼主，但飼主若做了讓狗狗害怕、驚恐的事，超過狗狗的忍耐極限，狗狗也可能反擊；所以，狗狗反咬飼主的案例，亦時有所聞。

近年來，政府鼓勵「以領養代替購買」，許多飼主領養回家的狗狗，大部分都是成犬；如何與狗狗建立信任感，成為飼主最重要的課題之一。如果接手朋友原先養的成犬，或從動物收容系統領養成犬，飼主應該先問清楚這隻狗狗的特性，如喜歡什麼、害怕什麼，以縮短飼主與狗狗的「磨合期」。

每隻狗狗的好惡不盡相同，有的狗狗超級討厭貓，有的狗狗可與貓和平相處，有的狗狗害怕摩托車的聲音，有的狗狗因有不愉快的往事，特別害怕特定模樣的人，如拿著拐杖或雨傘的人。

許多飼主棄養狗狗，這些狗狗可能是購買而來，可能是領養而來，甚至連名貴的犬隻，也遭到棄養。最常見的棄養原因是，飼主無法與狗狗培養信任感，與親密的感情，甚至覺得狗狗講不聽教不會。

飼主嚇狗、捉弄狗也是家暴

然而，不少飼主熱衷捉弄、嚇唬狗狗，讓狗狗驚慌失措，自己卻在一旁幸災樂禍。有些飼主還將惡整狗狗的影片，貼在Youtube、Facebook 等知名影音網站與社群媒體；最常見的影片是，飼主躲在一扇門的後面，當狗狗走進房間後，飼主突然對狗狗大吼，讓狗狗飽受驚嚇。

以前，人們也常如此嚇唬朋友、小孩，但因朋友會反擊、小孩會哭鬧，甚至造成友情、親情破裂，此歪風已逐漸消停。飼主嚇狗、騙狗、捉弄狗，因還不到虐狗程度，總

被淡化為主人跟狗狗「開玩笑」，很少被輿論嚴厲批評，狗狗也無處投訴，所以有些飼主樂此不疲。

常見的嚇狗、騙狗、捉弄狗惡行，還包括飼主把狗狗叫過來，明明狗狗沒做錯任何事，卻狠狠地揍牠、踢牠一頓，或飼主前一秒和顏悅色對狗狗，下一秒卻變臉，把狗狗關進籠子裡，或飼主把食物拿到狗狗面前，當狗狗滿心歡喜地張嘴準備享用時，卻把食物拿走，讓牠空歡喜一場。

縱使狗狗非常信任主人，但若一再被主人捉弄，狗狗也會感到很失落。與捉弄狗狗同等級的惡行，則是口出惡言、威脅狗狗，同樣會傷害彼此的信任感；例如，當狗狗惹飼主生氣時，飼主就罵牠：「你再犯一次，我就打死你」、「你再不乖，就別想吃晚餐」、「信不信，我會把你載到很遠的地方丟掉」。

昔日，爸媽也常如此嚇唬兒女；但現在這麼做，已是法理難容的家暴。狗狗雖聽不懂主人罵聲中的字義，但光看主人張牙舞爪的神情，光聽主人憤怒激動的聲調，就足以嚇得牠寢食難安。

主人欺負狗狗，其實也是家暴。最令人髮指的家暴是，當飼主心煩意亂，就打狗狗出氣。

有些狗狗很單純，雖然明知道要挨揍，雖然非常害怕，還是乖乖被打。然而，飼主對狗狗做過哪些事，狗狗也會有相對的反應；飼主家暴狗狗，狗狗即使忠心不移，也會時時刻刻提防主人。

養狗前應獲得同住家人同意

關於飼主與狗狗的信任感問題，另一個值得關注的面向是，當家中有成員討厭狗狗時，狗狗不僅處境尷尬，不知道該信任誰，更可能成爲家人爭吵的引爆點。所以，在養狗之前，最好取得同住家人的同意，戀人在決定同居或結婚前，在衆多討論事項中，一定要討論是否可養狗，並達成共識；否則貿

然養狗，將成爲家庭成員的裂痕，甚至讓全家雞飛狗跳。

我曾聽聞，有人出門散步、逛街，就抱著或牽著一隻狗狗回家；但問題在於，有些把狗狗帶回家者，想養狗卻不願親自照顧，把養狗大小事都丟給家人。也曾有網紅拍攝影片，內容爲他未經太太討論，就帶了一隻狗狗回家，讓不喜歡狗狗的太太驚聲尖叫、極度抗拒。

對一個家庭或一對情侶而言，養狗狗絕非一件小事，其涉及金錢支出分配、作息時間調整，還會影響鄰里關係、住屋選擇。共識的底線當是，其他家人雖不贊成，但也不反對，想養狗狗的人，必須自行負擔與狗狗相關的庶務與支出，如看病、帶散步，清理家中的狗毛，彼此方能相安無事，狗狗才不會活在恐懼、不確定感中，對這個家更有信任感！

6-5 如何飼養出身心健康的狗狗？

和小孩一樣，毛小孩的身心健康最重要，其他都是次要的。那麼，飼主如何研判狗狗身心是否健康？與研判小孩身心是否健康相同，首先要看狗狗有無活力，再看牠的行爲舉止是否「正常」，如果頻繁出現「異常」行爲，就可能是身心不健康的徵兆。

例如，一隻狗狗從未咬過人，近來卻動不動就咬人，就是「異常」行爲。然而，一隻狗狗平日到處闖禍，現在卻變得安靜、乖巧，也是「異常」行爲；飼主不能貪圖耳根清靜，不觀察狗狗是否已經生病！

狗狗「異常」應先看獸醫

狗狗的「異常」行爲，大致可分爲兩大類，一是違背狗狗天性的行爲，二是突然出現、並非循序漸進形成的行爲。當狗狗出現「異常」行爲時，建議飼主不該只責罵、勸慰狗狗，應儘速帶狗狗去看獸醫，檢查狗狗身體是不是出了問題。

我曾遇過一隻來上行爲訓練課的狗狗，當時才6個月，理當是東奔西跑、活蹦亂跳的年紀，但這隻狗狗卻非常「文靜」，一動都不想動。飼主帶狗狗去看獸醫後，發現牠的膝關節有傷病，所以寧可不跑、不走、不動，幸而牠及時獲得救助，傷病才未進一步惡化。

狗狗是忍耐疼痛的高手，如果不是疼痛到受不了，有時根本無法從其外觀，看出任何異狀。不過，飼主若發現狗狗脾氣變差、食慾不佳，可能就是狗狗生病的徵兆；如果狗狗食量驟降，或飼主與狗狗原本關係親密，但現在卻連摸一下，牠都會生氣。此時，並非牠變得「不乖」，而是正在忍耐病痛。

狗狗會有生理的疾病，也會有心理的疾病，生理疾病、心理疾病都會導致行爲「異常」。只是，醫療儀器可照出狗狗身體的疾病，卻照不出牠心理的疾病；狗狗是否有心理的疾病，有賴飼主的密切、仔細觀察。幸而，再怎麼聰明的狗狗，行爲也不像人類這麼複雜，較容易發現其心理問題。

例如，有的狗狗會恐懼特定的聲音，像是鞭炮的聲音，或嗶嗶嗶的哨音，有的狗狗非常害怕坐電梯；如果聽到這種聲音，或搭了一次電梯，牠們可能會害怕得好幾天不敢出門。若飼主發現狗狗有此心病，只能盡量避免讓牠們聽到討厭的聲音，或陪牠們走樓梯！

教導狗狗融入飼主的作息

現代人的工作、生活壓力很大，不紓壓不僅將身心俱疲，更可能引發心理疾病；狗狗也會感受到壓力，也需要紓壓，否則也容易罹患心理疾病。不過，城市的狗狗與鄉村的狗狗生活方式差異甚大，有不同的健康之道，但也承受不同的壓力源；因此，飼主轉換居住環境時，要特別注意狗狗適應的問題，不適應新環境，很可能導致狗狗身心不健康。

鄉村狗狗的生活空間較大，可以盡情地奔跑、嬉戲，但接觸的事物較少，所以刺激也較少，若接觸到新的事物，就容易受到驚嚇。因此，如果飼主要從鄉村搬到城市，應先找機會讓狗狗體驗城市生活，否則光是絡繹不絕的車潮與此起彼落的喇叭聲，就足以讓狗狗魂飛魄散。

我曾聽聞，有飼主從鄉村搬遷到城市，不到3個月，狗狗就因無法適應城市生活，被送回鄉下老家。同樣的，飼主若要從城市移居鄉村，也得讓狗狗多接觸鄉村環境，別以爲狗狗看到鳥語花香的農村景象，就一定會興奮地向前狂奔，也可能是驚恐莫名、驚嚇不已！

許多家長爲了生育、教養子女，而改變生活作息，甚至遷就子女的時間表；但飼主飼養狗狗，則大可不必。除了狗狗在出生的頭6個月，建議飼主每6到8小時餵食一次；等到狗狗6個月大後，飼主應該教導狗狗融入自己的生活、作息中。

要特別提醒的是，如前文所敘，狗狗很會「閱讀」主人的情緒，飼主的喜、怒、哀、樂等情緒變化，很容易影響到狗狗。所以，飼主的生活、作息愈健康，狗狗身心也就愈健康。

養狗可協助飼主邁向健康

當然，狗狗也得飲食正常、運動與睡眠充足，還有主人優質的陪伴與關愛，身心才會健康。倘若狗狗飲食不正常，或缺乏足夠的運動、睡眠，與身心健康的距離，將愈來愈遠；在飼養狗狗的各項環節中，較容易被忽略的，是狗狗的睡眠。

有些飼主或同住的家人，喜歡在狗狗睡著後惡作劇，讓狗狗不得安眠，或睡得斷斷續續。例如，有飼主會持續在狗狗身旁製造聲響，或縱容小孩把狗狗身體，當成模型飛機的跑道；狗狗睡眠若被中斷，很容易脾氣暴躁，甚至生氣咬人。長此以往，狗狗很難不生病。

身心健康的飼主，較可能養育出身心健康的狗狗；相對的，飼養狗狗也是部分飼主邁向身心健康的最佳契機。有些原本足不出戶的宅男、宅女，或獨居長者，在飼養狗狗後，為了帶狗狗散步，開始到戶外踏青、郊遊，去接觸新的事物，甚至養成運動的習慣，身心變得更健康。

有人將寵物稱爲「伴侶動物」（companion animal），而狗狗正是人類最佳生活伴侶，而導盲犬不僅是盲人的眼睛，更是他們生活的好幫手。除此，在醫學上已證實，有陪伴犬等「心靈支持動物」（emotional support animal，ESA）[29]的陪伴，將有助於病友緩和病情，或恢復健康。

我要強調，就像夫妻是否生育小孩，得經過縝密的評估，不可貿然行動；民眾在養狗狗之前，也得先問自己，「可否營造讓狗狗身心健康的環境」。答案爲「是」時，再領養狗狗回家，並落實養狗狗前的承諾，才是負責任的飼主！

---

29 By Stephanie Gibeault, MSc, CPDT Feb 24, 2021 https://www.akc.org/expert-advice/news/everything-about-emotional-support-animals/

6-6 陪伴並穩定狗狗情緒，讓狗爸媽與愛犬的關係更緊密

經常有飼主抱怨，自家狗狗的情緒不穩定，且動輒有偏差行爲；根據我的經驗，狗狗情緒不穩定、出現偏差行爲，原因除了身體有病痛，就是飼主未能經常陪伴。如前文所敘，狗狗的智商約等於人類的幼兒，人類的幼兒總愛黏著爸爸、媽媽，狗狗也愛黏著飼主，希望飼主可多陪伴牠。

陪伴不應過與不及

曾有國外研究機構進行實驗，如果飼主與朋友在一個室內空間，飼主藉故離開，狗狗雖有人陪伴，但當主人再次回到狗狗身邊時，狗狗會和幼童看到媽媽一樣衝向主人身旁，可見狗狗對主人的依賴如同幼童對媽媽的依賴一般。在同樣的測試下，當主人再次回到貓咪身旁時，貓咪會看一下主人但會延續和朋友的互動。此影片研究發現狗狗與主人的情感依賴和嬰兒與媽媽

的依賴是相似的。

例如，我曾見過有些飼主，在前、後工作轉換的空檔，每天都窩在家中，幾乎足不出戶，先前已習慣主人白天不在家的狗狗，在這段期間，主人會嘗試多花時間和狗狗想處，有時候反而會讓有些狗狗無法好好休息。

前幾年，新冠肺炎疫情肆虐全球，台灣也無法倖免於難。在疫情高峰期，許多國家的上班族被迫停工，或在家遠距上班；這些飼主一直待在家中，難免會感到無聊，有時還會捉弄狗狗，或一天帶狗狗散步好幾次，讓狗狗疲累不堪，導致有些狗狗無法好好休息出現攻擊行為。但也有些主人因和狗狗相處時間拉長，而提早發現狗狗身體上不適能即時就醫。

相反的情況是，在新冠肺炎疫情趨緩後，大多數上班族又回歸辦公室，但重回辦公室後，初期因深感疲累，完全不想理會狗狗，狗狗每天都從希望墮入失望的深淵。飼主陪伴狗狗，就像陪伴子女一樣，過與不及都不行；陪伴時間過多，狗狗備感壓力，陪伴時間過少，狗狗感受不到關愛，適度陪伴最佳。

陪伴方式理應多元

其實，陪伴狗狗也是飼主的紓壓方式之一，不一定是飼主逗狗狗開心，讓狗狗感到心安，飼主在狗狗的陪伴下，身心也得以放鬆，精神獲得寬慰。延續前幾節所說的，主人陪伴狗狗，方式不可一成不變，或只待在牠身邊，卻懶得與牠互動；否則長此以往，主人與狗狗將愈來愈疏離。

主人陪伴狗狗，方式愈多元愈好，狗狗會因爲新鮮感，更喜歡主人的陪伴。以我爲例，我會陪狗狗玩益智遊戲，會陪狗狗到公園，也會帶狗狗去玩水，或到野外露營，或到各縣市不同景點去旅遊。

就像人類的小孩般，不同狗狗的個性、偏愛、忌諱，也不盡相同，主人應盡量滿足牠們的需求，避開牠們害怕的地方、遊戲。特別要提醒的是，當飼主事業、生活有重大轉變時，縱使再忙碌，也不要忘記陪伴狗狗。

例如，有飼主好不容易談了戀愛，整天忙著約會，或與男、女朋友線上聊天，把陪伴狗狗的事，忘得一乾二淨，讓狗狗備感失落。我的建議是，如果情侶已有結爲連理的準備，飼主可邀請交往對象一起遛狗，讓狗狗預習與新家人相處；如此，既不必在約會、陪伴狗狗中二擇一，也可縮短狗狗與新家人的磨合期。

否則，情侶在結婚後，很可能爲狗而爭吵，甚至有飼主此時才發現，另一半根本不喜歡狗，或無法與狗同處一個屋簷下。最後，爲了家庭和諧，飼主只好將狗狗委託爸媽、親友飼養。

升職、轉職、生小孩等，也是人生的重大轉變，飼主常忙得不可開交，就把狗狗晾在一旁。不過，如果一直不陪伴狗狗，狗狗情緒可能會變得極不穩定，甚至隨時隨地狂吠，吵得飼主、鄰居不得安寧，反而讓飼主更加忙碌。

Miki 小叮嚀

不離不棄的飼主，就是完美的飼主

雖然我的體力只有常人水準，但在養了狗狗之後，我依然竭盡所能，帶著毛小孩四處走動、旅遊，讓牠們盡情跑跳與嗅聞，希望讓牠們身心更健康。

在我看來，從將狗狗帶回家的那一刻起，飼主就不離不棄，直到狗狗離世，就稱得上完美的飼主。其實，狗狗不會要求飼主住豪宅、吃大餐，也不會要求夏天吹冷氣、冬天吹暖氣，只要有飼主的陪伴，無論住在都市、山上、海邊，牠們都會覺得置身在天堂中！

先前，我受邀參與電影拍攝，電影拍攝地點在台中市山區，拍攝時間長達數個月。爲了不讓狗狗無人陪伴，我帶著狗狗前往台中市，入住電影公司爲我承租的民宿；白天，我出門參與電影拍攝，晚上則回到民宿陪伴牠們，作息與在家中無異，讓牠們維持原有的生活作息。

幼犬、老犬更要陪

近年來，愈來愈多飼主忙得無法陪伴狗狗，或是得出差一段時間，就會委託寵物陪伴員代爲陪伴，不過就得多一筆支出。狗狗飼主要顧慮的事情甚多，包括是否有時間可陪伴狗狗；因此，在飼養狗狗前，一定得進

▶ Miki 老師在家陪狗狗

行縝密評估，絲毫勉強不得，若勉強養狗，狗狗、飼主將同時受害。

沒有飼主喜歡脾氣不穩定、行爲偏差的狗狗，若狗狗如此，飼主必定會減少陪伴時間。於是，在飼主眼中，狗狗將變得「更壞、更皮、更難以溝通」，飼主更不想花時間陪伴牠，形成負向的循環。

若狗狗如此，如果不是因爲身有病痛，或飼主陪伴不足，便可能是飼養環境不佳。例如，有些被鎖在家門口、車庫前看守的狗狗，因爲飼養環境惡劣，總是不斷吠叫；想矯正狗狗的脾氣、行爲，得先改善其飼養環境，否則再多陪伴亦無益。

還要注意的是，飼主如果養超過2隻狗，狗狗們也會相互爭風吃醋，也會計較主人陪伴的時間長短，也希望有與主人單獨在一起的時間。如果時間、精力允許，主人應該單獨帶不同狗狗散步，滿足牠們與主人單獨在一起的想望。前提是狗狗之間沒有爭風吃醋的問題，才能單獨帶個別狗狗去散步，請參考5－7章。

就像人類一樣，幼犬、老犬較需要主人的陪伴，成犬較能自處。我的建議是，飼主至少得陪狗狗吃頓飯，因爲飼主的陪伴，可以穩定狗狗的情緒，讓狗爸爸、狗媽媽與愛犬的關係更緊密！

CHAPTER 7

顧 預防勝過治療，陪狗狗健康活到老

老狗照顧小測驗

狗狗平均壽命僅有 10 餘年，老化速度比人類快得多；老狗的精神、體力，皆不如幼犬、成犬，照顧老狗自與照顧幼犬、成犬，自有若干差異。飼主應先認識狗狗老化的跡象，再學習如何照顧老狗的飲食、運動，爲老狗建立良好的生活習慣，降低其罹患慢性病的機率，讓牠安享晚年。

然而，天下無不散的筵席，家有老狗的飼主，得做好與愛犬道別的心理與實質準備，才不會驚慌失措，或過於悲傷。若想好好陪伴狗狗，走完「生命最後一哩路」，建議飼主可先塡寫「老狗照顧小測驗」，再根據得分結果，覺察自己是否有不足之處。

○ ✕

「老狗照顧小測驗」題目如下：

- ❶ 外表看起來很可愛的狗狗，一定不是老狗。
- ❷ 不同品種的狗狗，老化速度應無差異。
- ❸ 狗狗也應洗牙，延長其牙齒使用年限，讓牠年老後，依然有副好牙齒。
- ❹ 老狗飲食應少量多餐，但總量不可太多，更不要讓牠啃狗骨頭等難以消化的食物。

- ❺ 如果氣溫驟降，老狗不斷悲鳴，甚至已在發抖，建議飼主可幫老狗穿上衣服，幫牠禦寒。
- ❻ 老狗已然體力不濟，就任牠在家中睡覺，不必再帶牠出外散步、運動了。
- ❼ 狗狗全身健檢所費不貲，如果飼主經濟不寬裕，也可選擇重點項目檢查。
- ❽ 至少每隔 3 到 5 天，飼主就該摸一摸愛犬的身體，檢查是否有紅腫或傷口。無則安心，有則當立即求診。
- ❾ 飼主因愛犬離世而悲傷難抑，因爲一定會被嘲笑，不必到醫療機構就診。
- ❿ 飼主如何處理愛犬後事，要花多少錢、多久時間，都是個人自由，不必在意他人的看法。

解答在最下方。

計分方式：答對得 1 分，答錯得 0 分。

得分：

• • • • • • • • • • • • • • • • • • • •

★ **介於 8 至 10 分：**你對如何照顧老狗，認識得相當深入、透徹，請繼續掌握本書所提到的重點，當個稱職的好飼主。

★ **介於 5 至 7 分：**雖然你對如何照顧老狗的認識，已超越一般人，但仍存有若干誤解，希望這本書能增進你對老狗的認識，並增益照顧老狗的技巧。

★ **4 分以下：**關於照顧老狗，你還有頗大的進步空間，期待這本書能協助你，進一步認識自家的愛犬，並精進照顧技巧。

• • • • • • • • • • • • • • • • • • • •

陪伴愛犬自在終老、離世，是飼主不可或缺的修業之一。在此呼籲所有飼主，應在愛犬步入老年之前，就學習認識老狗的特性，與如何照顧老狗。如此，當愛犬有天眞的老了，飼主早已做好各項準備，可從容不迫地面對種種挑戰，讓狗狗自在地、無憂地走完「生命最後一哩路」。

解答：第 1、2、6、9 題的答案爲「X」，第 3、4、5、7、8、10 題的答案爲「○」。

7-1 瞭解狗狗老化跡象

台灣現已進入超高齡社會，愈來愈多人重視與長者相關的議題，各級政府紛紛強化長照體系，衆多財團也相繼投資長照產業，科技、醫療產業也爭相研發節省人力的長照科技。然而，狗狗老化亦是大多數飼主都得面對的重大課題，但就連有些愛狗如子的飼主，也未發現愛犬已然老化。

原因甚簡，畢竟在許多人眼中，成犬、老犬看起來幾無差異；有些體型較小的狗狗，雖然已是狗中的「老爺爺」、「老奶奶」，甚至年齡已堪稱「狗瑞」，但在人類眼中，其外貌依然相當稚氣、可愛，仍常被誤認爲幼犬。

「以貌取狗」易忽略老化

除此，因爲狗狗的平均壽命，不到先進國家人類平均壽命的3分之1，包括台灣；所以，牠們比人類更早老化，老化速度也比人類快得多。如果先前未有歷經狗狗老化的經驗，或上一次經驗已過於久遠，飼主難免會「以貌取狗」，或用人類的年齡尺度來衡量狗狗，根本不知自家愛犬已是老犬，依然採用成犬甚至幼犬的飼養方式。

因爲飼養方式已不適用於現況，輕則飼主、狗狗之間的怨懟日深，重則傷害狗狗身心，讓牠難以「安享天年」。每個人都得預備自己老後的生活，每個飼主也都應認識狗狗老化的跡象，並隨著狗狗老化的進程，改變飼養環境、方式，才是稱職的飼主。

不同品種的狗狗，老化的速度也不盡相同；根據研究，狗狗的平均壽命約15歲到18歲，所以其老年時間不長。根據我的觀察，體型較大的犬種老化速度較快，有的狗狗到了8、9歲時，已開始衰老，其平均壽命也較短；但體型較小的犬種，老化速度較慢，同樣是8、9歲，牠們才剛進入中、壯年，其平均壽命則較長。

有些飼主不僅未察覺狗狗老化，甚至連愛犬已病入膏肓，即將不久於世，都後知後覺。狗狗老化的最主要徵兆，就是行動愈來愈遲緩，有些狗狗眼睛水晶體變得混濁，辨認方向能力大不如前；有時，狗狗變胖也是老化的徵兆之一，因爲老狗新陳代謝速度已變慢，而飼主給的食物卻未減量。

睡覺的時間愈來愈長與失智，也是狗狗老化的徵兆之一；假使在一天中，狗狗睡覺的時間，比清醒的時間還長，若非生病，就是老化。長者失智人數日增，已是台灣重大的社會危機之一；老狗失智的現象也日益普遍，狗狗一旦失智，除了經常迷路，還可能到處大小便，或便溺的時間大幅拉長，縱使飼主再三催促，牠的動作依然慢吞吞。

應定期帶狗狗做健康檢查

如果飼主發現狗狗已經老化，除了應適度降低其食量，也應適度減少其運動量，因爲老狗消化機能已逐步退化，骨骼也不如中、壯年時健壯，若維持年輕時的運動量，關節很容易磨損。不過，老狗也不能不運動，否則很快便肌無力，行動將愈來愈遲緩，老化速度將比適度運動的老狗爲快。

人們應定期健康檢查，飼主也應定期帶狗狗進行健康檢查，才能確實掌握狗狗的身體狀況，是否已步入老化階段。畢竟，如果狗狗已經老化，即使在飼主眼中，狗狗外表與昔日相差無幾，但健康檢查的結果，其各種指數必定大不如前。

許多人努力運動、調節飲食，目的便是爲了延緩老化。飼主若要延緩狗狗老化的速度，不僅得提供健康飲食，還要帶領牠們適度運動，以維持肌力與健康的體態，且體重不能過重，也不能過輕，一定得攝取蛋白質，卻不能過量。

爲了避免老狗受傷，飼主應該在家中，添增安全措施；如果家中地板比較滑，飼主就應鋪設止滑墊，避免狗狗不小心滑倒。飼主也應特別注意，最好不要讓老狗獨自上下樓梯，因爲牠的身體機能已退化，可能會算不準跨步的距離，從樓梯上滾下來，很容易受傷。

倘若家中空間夠寬敞，飼主可購買嬰幼兒護欄，將老犬圈起來，避免牠四處亂跑而受傷，或迷途而不知返；如果狗狗已行走不便，或已無力行走，飼主應爲牠準備輪椅。而且，假使狗狗已經老化，不再精力充沛、行動敏捷，飼主就不應過度勉強牠，如不應要求在外出散步時，狗狗必須緊跟在飼主身後。

與人類不同的是，老年人有許多輔具可使用，如輪椅、助聽器、助行器、防走失手環等，但狗狗輔具的種類較少，且不同品種的狗狗體型差距甚大，輔具無法一體適用。因此，在照顧老狗上，飼主大多得「自立自強」。

讓狗狗安享健康快樂晚年

面對愛犬老化，飼主一定得先進行心理建設，認清並接受事實，並做好相關準備。然而，總有些飼主一再逃避，完全不願承認狗狗已然老化，因此未能給予狗狗及時、適當的協助，導致狗狗經常受傷，甚至提早往生。

除了準備狗狗老化的硬體設備，飼主也應注意，狗狗也跟人類一樣，在老化之後，就可能罹患各種慢性病，飼主應帶狗狗到獸醫診所就診，不應諱疾忌醫。就診之後，若確認真有慢性病，飼主應遵守醫囑，依指示餵牠吃藥、帶牠定時進行復健，讓牠安享健康、快樂、有活力的晚年生活！

7-2 老犬飲食這樣顧，健康活到老

所有哺乳類動物的牙齒，都會從幼年時的乳牙，換成成年時的恆牙，人類如此，狗狗也是這般。人類大約在10多歲時，乳牙會全部掉光，由恆牙取代；狗狗的生命周期，比人類短得多，在出生後約3個半月時，便開始換牙，恆牙逐漸取代乳牙，而到了出生後6個半月，已滿嘴都是恆牙了。

狗狗應定期洗牙

無論人類或狗狗，想安享晚年，都得有一口健康的牙齒，否則就無法有健康的飲食，攝取足夠、均衡的營養。以平均壽命計算，人類的恆牙得用上幾十年，狗狗的恆牙也得用上15年到20年，一定得善加保健，才能健康活到老。

不過，動物口腔裡有許多細菌，蛀牙、牙結石、牙周病等口腔疾病，不僅會侵襲人類，也

是許多狗狗寢不安席、食不甘味、情緒不穩的主要原因。人類主要靠刷牙，來維持口腔清潔，降低罹患口腔疾病的機率；我也定期幫狗狗刷牙，也建議飼主們幫愛犬刷牙，捍衛其牙齒健康。

清潔牙齒、清除牙結石與牙縫中的菜渣、肉渣，洗牙比刷牙更徹底、有效。目前，依照台灣現行的健保制度，持有有效健保卡的民衆，每半年可免費到牙醫診所洗牙一次，我也會帶狗狗到獸醫診所洗牙，更建議飼主除了基本的每天刷牙，如果牙垢嚴重者洗牙也會是一個必要選項，但得自費。

不過，同樣是洗牙，人類洗牙是輕鬆寫意的小事，但狗狗洗牙卻是超級大事。差別在於，牙醫師幫求診者洗牙時，大多數求診者都可謹遵醫囑，可安靜坐在椅子上張開嘴巴，接受水柱沖刷；縱使再聰明的狗狗，都無法理解洗牙的用意與主人的用心，乖乖張開嘴巴數分鐘，讓獸醫師洗牙。

於是，狗狗得先接受全身麻醉，才能進行洗牙，無安全疑慮。許多美容室標榜無麻醉洗牙，已觸犯獸醫法30條，雖然洗牙不是侵入性治療，但用牙科器械刮除牙結石是獸醫的業務，洗牙需要透過獸醫師判斷每根牙齒是否需要醫療處置。若狗狗未接受全身麻醉，有機會讓狗狗在洗牙過中嗆到導致更多問題出現。飼主得特別注意，如果愛犬已是老狗，全身麻醉風險較高，但還是需要透過獸醫生專業的建議。

高蛋白易導致慢性病

目前，如果飼主發現狗狗牙齒裂掉，可送牠們到獸醫院，接受根管治療，延長牙齒使用年限。其實，狗狗縱使牙齒全部掉光，影響也比人類一顆牙齒都不剩，小上許多。

原因甚簡，狗狗只有犬齒，沒有臼齒，更不會細嚼慢嚥，食物咬上幾口後，就直接吞進肚子；所以，如果狗狗已沒有牙齒，飼主擔心狗狗消化不良，可以在餵飼料時加水，將飼料泡爛一點，以利狗狗消化。

關於狗狗飲食的注意事項，在本書先前的章節已有說明，此處不再贅述。但老狗不同於成犬、幼犬，老狗的新陳代謝較慢，不能吃太多高蛋白的食物，或含有動物肝臟成分的食物，如果攝食過多此兩類食物，老狗體內會囤積過多蛋白質，無法被代謝掉，導致各種慢性疾病。

一如老人食量通常不如成年人，狗狗步入老年後，食量也會變少；若發現家中老狗飲食狀況不佳，或體重不正常下降，飼主應向獸醫請教，而非一味強餵狗狗食物，讓人、狗皆疲憊不堪。我的建議是，老狗飲食可少量多餐，但總量不可太多，更不要讓牠啃狗骨頭等難以消化的食物。

老狗的活動量少於成犬，趴著的時間愈來愈長；因爲活動力降低，食量自然降低。如果飼主想讓老狗多吃一點，可適度增加老狗的活動與運動，以促進狗狗的食慾，或挑選專爲老狗調配的奶粉、飼料與保養品。

隨著寵物食品市場規模愈來愈龐大，狗狗的奶粉、飼料與保養品亦採分齡設計，有幼犬、成犬、老狗的專用產品，而老狗專用的奶粉、飼料與保養品，品項愈來愈多元。近年來，狗狗的保健食品愈來愈熱門，帶動新一波的商機，我也會餵食狗狗保健食品，以補一般食品之不足。

保健食品非神丹妙藥

狗狗保健食品種類繁多，有保護眼睛的保健食品，有保護呼吸道的保健食品，也有保護心肺功能的保健食品，幾乎應有盡有，與人類的保健食品等量齊觀。我的看法是，飼主在爲狗狗選購保健食品時，可先徵詢獸醫的意見，不能道聽塗說，或聽信廣告話術，隨便亂補一通，超過老狗的身體負荷限度，否則美意將大打折扣，甚至適得其反。

爲狗狗選購保健食品的原則，應與爲長者選購保健食品相同，應視老狗的身體狀況而定，補充匱乏的營養素。在市場上，最熱門的狗狗保健食品，當屬葉黃素、蛋殼素、益生菌、牛樟芝、葡萄糖胺等；其中，益生菌可促進老狗的腸胃蠕動。

特別得提醒的是，根據多位獸醫的說法，幼犬雖然在發育期，卻不能補鈣[30]，不然將有反效果。而且，保健食品並非神丹妙藥，飼主應有心理準備，縱使給予狗狗再好的照顧，狗狗依然會繼續變老，身體逐年衰弱。

只是，我必須強調，狗狗有動才能受補，

Miki小叮嚀

狗狗洗牙前，飼主應先詢價

當下，由於人類大多吃精緻食物（加工品），吃原形食物（接近食材原貌的食物）的比例愈來愈低，導致牙齒比先人脆弱，更易受疾病侵擾。人類飼養的狗狗也是如此，好發各種牙齒疾病，故牙齒保健至關重要。

狗狗洗牙的價格，不同獸醫院的開價，不盡相同；而在同一家獸醫院，不同體型的狗狗前來洗牙，價格也會有所差異。一般來說，價格約在上千元間；但建議飼主，帶狗狗到獸醫院洗牙前，應先詢價，以免發生糾紛。

不動而補不僅無益，甚至有害。許多人只吃保健食品，甚至以保健食品爲主食，卻不愛運動，或根本不運動，導致營養素幾乎流失，無助於改善身體狀況，買保健食品純屬浪費。所以，飼主餵食狗狗保健食品後，也要增加狗狗的運動量，方有利於牠們吸收營養素！

---

30 https://www.purinainstitute.com/centresquare/life-stage-nutrition/large-breed-puppies-excessive-calcium

7-3

老犬更需要注意身體保暖與照顧

老人調節體溫的能力，年紀愈大愈弱，老狗也是。而且，全身是毛的狗狗不像人類，可以靠皮膚的毛細孔調節體溫，對溫度變化更爲敏感；因此，飼主得特別注意氣溫是否過低或過高，是否應強化愛犬的保暖、保涼措施。

進入冬季後，老狗很容易著涼。所以，當天氣寒冷時，我都會幫狗狗穿上特製的衣服，且讓牠們晚上睡在電毯上，以免受凍；如果氣溫驟降，狗狗不斷悲鳴，甚至已在發抖，建議飼主可幫狗狗穿上衣服，尤其是老狗。

冬季要除濕與保暖

不過，台灣面積雖不大，但在冬天，南北縣市氣候卻相差懸殊，嚴重影響人們與寵物的作息。北部縣市常有寒流、冬北季風造訪，有時連續數星期不見陽光，數個月陰涼濕冷，人們都難以招架，何況寵物；飼主得特別注意幫狗狗保暖，否則狗狗很容易生病。

除此，常往來世界各國者都知道，台灣北部縣市冬季的氣溫，平均仍在攝氏10度以上，但感覺卻比美國北部各州寒冷，而美國北部各州此時的氣溫，多低於攝氏零下10度。差別在於，美國北部各州爲乾冷，台灣北部縣市卻是連綿細雨、濕氣逼人；所以，如果將狗狗養在室內，飼主要記得幫狗狗添購並開啟除濕機。

除此，飼主不一定要幫狗狗準備電毯，但至少得爲牠爲一個地墊，讓牠可在上頭趴睡；畢竟，冬夜裡的地板涼如冰，實非狗狗可忍受。不過，不能因疼愛狗狗，就將地墊鋪滿整個地板；因爲，狗狗趴在地墊上睡，有時也會感到燥熱，此時可再挪動身體到地板上散熱，如果趴在地板上，又覺得冷，就可再挪回地墊上。

當寒流來襲，飼主若擔心地墊不足以協助狗狗禦寒，飼主可幫狗狗加開暖風扇，以提高室內溫度。

俗話說，「有一種餓，叫爸媽覺得你餓；有一種冷，叫爸媽覺得你冷」，而兒童與寵物皆「身受其害」。冬天時，除非寒流來襲，台灣中南部縣市平日依然溫暖，有時還彷彿盛夏；飼主得視氣溫高低，決定是否與如何幫狗狗保暖，避免適得其反，讓狗狗熱得受不了。

避寒必得兼顧通風

如果將狗狗養在院子或陽台，飼主一定要幫狗狗準備可遮風避雨的狗屋；不然，到了冬季，特別是夜晚，狗狗可能會冷得徹夜難眠。最理想的狗屋，當是可搭乘飛機的航空箱；台灣最常見的狗屋，其實是鐵製的狗籠，飼主應以紙板圍住狗籠，抵抗寒風侵襲。

如果沒有狗屋、狗籠，飼主得幫狗狗準備一個可容身的紙箱；而且，飼主應常檢視紙箱是否已潮濕或破損，若已潮濕或破損，就應更換新的紙箱。貓的飼主大多會幫愛貓準備紙箱，但狗的飼主，大多不會爲愛犬準備紙箱；其實，紙箱是成本最低廉的防寒工具，不妨多準備幾個，以備不時之需。

在此提醒，飼主在幫狗狗打造避寒的狗屋時，同時得注意保暖與透氣，不可完全密不通風，免得狗狗悶壞了。還有，許多人喝熱茶、熱湯，以對抗寒意，但不要給狗狗喝熱水，因爲很難拿捏狗狗可接受的水溫，容易燙傷狗狗的舌頭、喉嚨與腸胃，反而得不償失。

在此補充，有些飼主只注意冬天時爲狗狗保暖，卻常常忽略在夏季時，讓狗狗保持涼爽。我家狗狗養在室內，晚上也跟我同寢室睡覺，夏季時，我會開冷氣，讓牠們好好睡覺；我也建議，將狗狗養在室內的飼主，夏季時，至少得幫狗狗開一台電風扇，讓狗狗不必忍受酷暑，熱得睡不著覺。

有些飼主則讓狗狗睡在浴室裡，狗狗也特愛浴室冰涼的地板；當然，飼主得忍受若干不便，還得預防狗狗誤觸水龍頭或者不小心食用到廁所清潔劑等。其實，這種情形並不罕見，只是浴室通常較爲潮濕，如果毛髮也長期處在潮濕狀態，對皮膚也會是一種負擔。

其實，除非酷寒、酷熱，否則高溫、低溫並不可怕，人們與狗狗都能自我調適。最害怕的是，在季節交替之際，天氣忽冷忽熱、氣溫忽低忽高，或乍暖還寒，或乍寒還暖，人們與狗狗一不小心，就容易生病。

保留狗狗的選擇權

無論老人或老狗，生病都不可等閒視之；而想要預防生病，就得時時得注意氣溫變化，適時保暖或保涼。我建議狗狗的飼主，可購買一支溫度計放在家中；如果不願添購溫度計，也可靠手機查詢氣溫。特別在季節交替之際，氣溫變化較大，飼主得查詢清晨、夜晚的氣溫，爲狗狗做好保暖或保涼措施。

然而，感覺冷或感覺熱，只有狗狗自己知道，且同樣的溫度，可能飼主覺得冷，狗狗卻覺得熱，或這隻狗覺得熱，另一隻狗覺得冷；同樣的措施，狗狗也可能起初覺得涼，後來覺得熱，或者顚倒。所以，飼主在爲準備保暖或保涼措施，應盡量保留狗狗的選擇權，讓牠隨時都可選擇最舒服的狀態，不要勉強牠！

Miki 小叮嚀

檢查狗狗耳溫，有異常應就醫

狗狗疫苗種類分爲活毒減毒疫苗和死毒疫苗，還有核心和非核心，幼犬時期從6－8週第一劑，再來隔月的第二劑，再隔月的第三劑＋第一劑萊姆病，再隔月第二劑的萊姆病＋狂犬病，接著每一年十合一＋狂犬病＋萊姆病疫苗注射需要刺激自身免疫反應，因此不建議在身體在不舒服的情況下進行施打，也建議施打疫苗盡量選擇在白天，避免有些不適的狀況可以馬上就醫。

爸媽若要檢視兒女是否生病，最簡單的方式，是以手觸摸兒女的額頭，檢視其額溫是否異常，如果發燒或發冷，當隨即就醫。但此法無法套用在狗狗，但飼主可觸摸狗狗的耳朵，檢視耳溫是否正常，若有異常，飼主當立刻帶狗狗求診。

7-4 老狗適度運動好處多

銀髮族需要適度運動，並從事適合他們的運動，才能延緩身體機能衰退的速度，老狗亦是如此。飼主不可貪圖清閒，放任老狗一直在家躺臥，一定得克服自己的惰性，敦促牠們運動，否則待其身體機能快速衰退後，飼主將更加困擾、辛苦。

最適合老狗的運動，首推散步，不要勉強牠們跑步。一如帶小小孩走路，遛老狗的最佳方式，應屬「間歇式」遛法，讓老狗運動一段時間，最多10到15分鐘，就讓老狗休息一段時間，等老狗恢復精神、體力後，再讓老狗運動一段時間，如此周而復始，既可避免老狗過於疲累，又可拉長其運動時間。

散步得帶推車同行

但要特別提醒飼主，若要帶老狗外出散步，務必帶著推車同行；當老狗走累了，就讓牠上車休息，飼主可推著推車前進，繼續老狗的運動行程，或選擇返回住家。若不帶推車同行，飼主定將疲累不堪，再也不願帶老狗出門運動。

因爲，老狗體力不及成犬、幼犬，一旦體力透支，可能癱倒在地，不肯再前進一步，飼主只能將老狗抱回家。然而，就算是小型犬，也有好幾公斤；飼主抱著小型犬，走上幾步路，便將疲累不堪，遑論體型更爲龐大的中型犬、大型犬。

所以，帶老狗散步，飼主一定得準備推車；如果是體型更大、體重更重的中型犬與大型犬，可能得準備露營用的推車，方能免於耗費九牛二虎之力，把愛犬搬回家。在推車的輔助下，飼主才能建立、維持老狗的運動習慣。

目前，在市面上，已出現諸多專爲狗狗設計的運動器材，包括狗狗專屬的跑步機，但價格非常昂貴，我尚未嘗試過。除了散步，最適合老狗的運動，當是游泳、戲水，而夏季自是老狗游泳、戲水的最佳季節；如果飼主無法帶老狗到狗狗專屬游泳池，可購買充氣游泳池，同樣可讓老狗盡興玩耍。

運動活動首重安全

而且，縱使愛犬已然老邁，我依然建議飼主，可帶牠們到戶外、景點踏青，當然得帶著推車同行；如此，既可增加老狗的運動量，也可使其心情更開朗，有助於其身心健康。例如，先前我便曾帶著家中的老狗，到烏山頭水庫、阿公店水庫旅遊，果然讓牠們「犬心大悅」。

老狗運動，首重安全，在家活動，亦是安全第一。特別得提醒飼主，老狗就像老人家，反應速度已不若年輕人，喝水容易嗆到，吃東西容易噎到，就連走路都容易跌倒、摔倒，上下樓梯更是危險至極，畢竟老狗無法像人類般，扶著樓梯扶手上樓或下樓。

而且，老狗的眼睛的水晶體開始混濁，視野不再清晰，如果老狗確有必要上下樓梯，最好由飼主抱上、抱下。爲了避免老狗上下樓梯，我特別在家中每座樓梯的入口裝設安全門欄，這種安全門欄原爲阻擋嬰幼兒上下樓梯，英文名爲 baby gate，亦建議老狗飼主可添購、裝置。

除了安全門欄，爲避免老狗在家滑倒，我也建議飼主在家裝置防滑地墊。不過，最好不要購買一大整片的防滑地墊，一片就把地板蓋滿，當選擇拼貼式地防滑地墊；原因甚簡，老狗容易漏尿，若在地板上漏尿，飼主只要清洗受波及的幾塊地墊，「付出的代價」較低。

老狗若過胖應減肥

有些飼主會因爲愛犬年紀老邁，特別加養一隻幼犬。飼主的動機有二，一是以爲老狗有幼犬陪伴，就像老爺爺、老奶奶有小孫子在旁，不僅心情特別愉快，因與小孫子遊戲、互動，運動量也會增加不少。二是老狗若不久後辭世，飼主仍有幼犬作伴，不至於過於傷心、失落。

但實際上，後者是成立的，但前者則與飼主的想像，存有巨大落差；幼犬只會招惹老狗生氣，讓老狗更加疲倦，身心更不舒適、情緒更爲低落，不會有任何貼心的舉動。在此提醒飼主，切勿以人類的思維、行爲，全盤揣想狗狗的思維、行爲，否則有時愛之反而適足以害之。

在人類社會，不少國家力推「青銀共居」，甚至如日本動畫《崖上的波妞》所描繪的，將幼稚園、養老院共構，蔚爲佳話。然而，如果飼主同時飼養1隻老狗與1隻幼犬，還得特別將兩隻狗隔開，避免牠們起衝突，因爲幼犬好動，老狗好靜，根本不會「玩在一塊」，倘若家中空間不夠寬敞，兩隻狗隨時都可能爆發衝突，讓主人更加煩心。

當然，有些飼主會同時收養兩隻狗狗，兩隻狗狗必定感情深厚、形影不離，甚至一天24小時都在一起，彼此相處的時間，必定長過與飼主相處的時間。只是，兩隻狗同時步入老年，不僅飼主負擔較爲沉重，且總會一隻狗先離世，飼主還得安慰另一隻狗，免得牠過於憂傷，也跟著向上帝報到。

除此，老狗不能過胖，否則容易引發各種慢性病，關節更易退化，引發退化性關節炎，不利於維持運動習慣；如果嚴重過胖，老狗器官可能會被自己的重量壓壞，全身病痛而死。而且，老狗不像人類，當膝蓋退化後，可更換人工關節，故維持體態合宜，才能安享晚年！

肥胖已是台灣中老年人的公敵，台灣狗狗過胖的比例，也高得驚人。飼主要建立老狗的運動習慣，不僅得有恆心、毅力，如果狗狗過重，還得先幫狗狗減肥，否則必事半功倍，容易半途而廢！

7-5 預防勝於治療，降低狗狗罹患慢性病的機率

生、老、病、死，是人生4大關卡，其中又以病最爲難熬，狗狗亦是如此。而在台灣，受惠於健保制度，大多數人不再諱疾忌醫，但許多飼主雖疼愛狗狗，卻因狗狗健檢、診療費用高昂，未能定時帶愛犬到獸醫院健檢，導致發現老狗身體嚴重不適時，愛犬已病入膏肓、藥石罔效，不久後便離世。

父母很容易發現兒女是否生病，但狗狗畢竟是另一個物種，不會跟飼主說：「我身體不舒服，請帶我去看獸醫」，而狗狗超能忍痛，如果飼主不是獸醫，或不夠細心，根本無法發現愛犬已生病，甚至已然重病。

狗狗活力不佳就該就醫

我曾加入一個老狗飼主的網路社群，從飼主張貼的老狗照片，發現有些老狗的腿嚴重腫

脹，或已滿臉病容，飼主卻未覺察。飼主的說法是，「我以爲牠變胖了」、「小事啦！牠平常就很愛裝」，有些人更主張，「不檢查就沒病，一檢查就全身都是病」，能拖就拖。

而飼主的長期疏忽，容易錯過疾病的黃金治療期，放任小病變大病，可治之病變必死之病。於是，當飼主發現老狗不對勁時，才匆匆忙忙帶愛犬到獸醫院就醫，老狗多已是重症末期，神仙難救。

那麼，如何提早發現狗狗罹病呢？飼主不必等到狗狗已不良於行，或倒臥不起、不斷哀鳴，再帶愛犬就醫，如果察覺狗狗活力較平日大幅下降，或食慾大不如前，即使最愛的食物擺在面前，也不肯吃上一口，就得帶牠到獸醫院就診，檢查其是否罹病。

根據ＰＦＩ美國寵物食品協會調查，台灣毛孩體脂特別高，有3成的動物體脂肪超36%，老狗常見的疾病，前3名依次爲肥胖所引發的慢性病、關節相關疾病、癌症（腫瘤）。在台灣，國人肥胖比例居高不下，狗狗肥胖的比例也高得驚人；肥胖容易引發「三高」——高血糖、高血壓、高血脂，與糖尿病、腎臟病等慢性疾病，罹患心臟病的機率也較高，堪稱衆病之源，且人、狗皆如此。

若干國家已制定法律，如果狗狗嚴重過胖，飼主將被指控虐待動物；但在台灣，仍有一些飼主相信，「能吃就是福」、「胖才能招財」，把狗狗養得圓滾滾。狗狗減重，有效方法與人類減重無異，即均衡飲食、適時與適量的運動，這都有賴飼主的協助與堅持。

老狗罹癌機率愈來愈高

在前文，先前已提及老狗容易罹患關節相關疾病，在此不再贅述。預防勝於治療，若要保健狗狗的關節，除了保持運動習慣，還是建議飼主給愛犬吃狗狗專屬的葡萄糖胺、綠唇貽貝（Green lipped mussel）等保健食品，強健其骨質。

至於癌症，現已是中老年人健康的最大敵人，老狗罹患癌症的比例也愈來愈高。老狗罹癌的原因甚多，可能是遺傳基因所致，可能是環境不佳、變異所致，也可能是飼主生活、飲食習慣不佳所致，如飼主長年抽菸，狗狗也跟著吸二手菸，自是肺癌的高危險群。

不過，台灣西部秋季、冬季空氣品質不佳，還常有沙塵暴來襲，導致吸菸人口雖下降，但肺癌仍居台灣死亡病因之首。為確保自己與愛犬的呼吸品質，我特地在家中安裝了數台空氣清淨機，也建議飼主量力安裝。

有些癌症在初期、中期時，根本沒有任何症狀，等到罹癌者極不舒服時再就醫，大多已是第4期（末期），救治已相當困難；人類如此，狗狗亦然。唯有定期健檢，才能及早發現癌症，並及早治療，而小型犬、中型犬、大型犬因體型差異，健檢次數也有所差異。

在幼犬時代，無論小型犬、中型犬或大型犬，建議飼主每2年帶愛犬全身健檢1次，在其1、3、5、7、9歲時較佳。原因是，1歲是狗狗最健康的年歲，最適合進行第1次全身健檢，建立未來健檢的對照資料，不要拖到狗狗3歲時；如果有遺傳性疾病，此時即可檢出，利於飼主採取因應措施。

進入中、老年後，應增加愛犬全身健檢的頻率。小型犬在10歲之後、中型犬在8歲之後、大型犬在6歲之後，應每年全身健檢1次；而在12歲之後，無論小型犬、中型犬或大型犬，都應增至每半年全身健檢1次。

特別得提醒的是，科學家已證實，若干品種犬隻罹患特殊疾病的機率，遠高於其他品種；飼主若要飼養這些品種的狗狗，應先知悉此事。例如，黃金獵犬罹患癌症的機率較高，挪威首都奧斯陸的地方法院在1月31日裁定，爲英國鬥牛犬、查理士王小獵犬進行育種，將違反挪威二〇二二年修定的《動物福利法》，因爲強調特徵的選擇育種已使這兩犬種的遺傳性健康問題盛行率偏高，出現一連串的醫療問題。[31]

狗狗全身健檢所費不貲，如果飼主經濟並不寬裕，或飼養多隻狗狗，無力讓愛犬進行全身健康檢查，也可選擇重點項目檢查。我認爲，狗狗不可或缺的健檢項目，包括抽血、口腔檢查、胸腔超音波檢查、腹腔超音波檢查，或根據愛犬的疾病史，經獸醫建議或同意，挑選適合愛犬的健檢項目。

應不定時檢查愛犬身體

然而，縱使是定期全身健檢，也常緩不濟急，未能及時發現狗狗的疾病；有時，狗狗活力、食慾並未下降，依然活蹦亂跳，但其實已經生病了。以人類爲例，有時自覺健

康，洗澡時才突然發現，身體某處「腫了一包」，或有不知原因的傷口，雖不痛亦不癢，但總讓人膽戰心驚，應就醫一探究竟爲宜。

所以，至少每隔1到3天，飼主便要摸一摸愛犬的身體，檢查是否有紅腫或傷口。無則安心，有則當立即求診，若是小恙，則可快速治癒，若是惡疾的初期，則可適時進行治療，防範病情惡化。

總之，飼主應時時注意狗狗的身體狀況，特別是老狗，觀察其活力、食慾、精神是否有異狀，並定期帶愛犬進行健檢，當可有效守護狗狗的健康，降低他們罹病的機率。

31 https://www.dyrebeskyttelsen.no/aerlig-talt-english/the-first-lawsuit-updates/

7-6 耐心包容，陪伴毛孩自在終老

在台灣，長者長照不僅是嚴峻的社會問題，更已擴散成棘手的政治問題、經濟問題。狗狗的壽命較短，老年較人類短上許多，較無長照需求；飼主若懂得妥善照顧已在生命盡頭的愛犬，當可減輕愛犬的痛苦，節省不必要的醫療措施，讓此份情緣劃下完美的句點。

與人類相同，狗狗可能猝死，可能病死，也可能天年已盡、無疾而終。狗狗猝死的原因，與人類大同小異，包括腦中風、心肌梗塞、內臟破裂或交通事故；飼主應避免愛犬過重，並留意交通狀況，可降低愛犬因心血管疾病或交通事故而猝死的機率。

做好愛犬遠行的準備

狗狗病死前或壽終正寢前，有哪些徵兆呢？最常見的徵兆，有狗狗睡眠時間大幅增加，甚至連白天，也幾乎在睡覺，且因長期未翻身而產生褥瘡，與食慾愈來愈低、用餐時間愈來愈長，有時還食不下嚥，得靠飼主灌食維生。

如果獸醫師評估，所有醫療措施都無法讓愛犬延長壽命，或雖能延長壽命，狗狗卻得忍受巨大的痛苦，飼主就得有「愛犬即將遠行」的心理準備，不必再委請獸醫，進行無效的醫療，應放手讓愛狗自然老死。

否則，狗狗在生命最後階段飽受煎熬，必對飼主心生怨懟，一如「久病無孝子」，飼主照顧不斷呻吟、哀號的狗狗，也必定苦不堪言，昔日恩情與美好回憶，都將煙消雲散，甚至由愛生恨。

簡言之，一隻狗狗若活了16年，若生命最後1年，因無效醫療而飽受折磨，導致人狗兩厭，飼主與狗狗過去15年的快樂記憶，

都將被徹底抹煞。在先進國家，若寵物如馬、狗，因傷病而生不如死，許多飼主會選擇讓狗狗安樂死，讓他們不必再受傷痛的折磨，讓飼主不必為無效醫療支出高額費用。

不過，我相信，大多數台灣飼主尚無法接受安樂死，現已有獸醫院，仿效人類醫院，提供老狗安寧照顧，分攤飼主的照顧責任。如果不將老狗送至獸醫院，接受安寧照顧，飼主應珍惜最後相處的時光，讓愛犬自在、無憾地離世；如果狗狗為病所苦，可請獸醫開立緩解其痛苦的藥物與針劑。

毛孩離世如離人離世

近年來，若干飼主會在狗狗臨終前，尋覓寵物溝通師，代為詢問、翻譯愛犬的遺願。我自己沒有這麼選擇；因為我相信，最瞭解狗狗的是我本人，我也盡可能在我能力範圍之下陪伴Cola完成我與他共同的回憶，我很開心在離世前我還和他一起環島遊台灣。

不過，如果飼主真心認為，如此真能聽到狗狗的心聲，或從中得到慰藉，如果花的都是自己的錢，他人也無從置喙。沒有養過寵物的人無法理解，為何飼主難以面對狗狗臨終或死亡，但毛小孩對飼主而言，就如同真的小孩，縱使已是「狗瑞」，也還是小孩，縱使狗狗死亡是壽終正寢或離苦得樂，仍然會如親人離世般難過，甚至自責不已！

因寵物離世而陷入憂鬱的飼主頗衆，但大多數飼主短期內便能自癒，但也有飼主經過數年後，依然深陷於悲傷中。如果飼主照顧臨終前的狗狗，身心已屆崩潰邊緣，或在愛犬過世後，遲遲未能走出悲傷的情緒，建議可尋求諮商心理師的協助，早日脫離悲傷的幽谷，回歸日常生活常軌。

早年，台灣人諱疾忌醫，特別忌諱因情緒問題就醫，導致問題愈來愈嚴重。如今，民智已開，因愛犬離世而悲傷難抑的飼主，都應勇敢走出心牢，到正規醫療機構就診，不用想像、畏懼他人的看法與意見。

祭而豐，不如養之薄

那麼，當愛犬往生後，飼主應如何置辦愛犬的後事？我自己的做法是，當狗狗過世後，親自送 Cola 最後一哩路到寵物殯葬中心，留下 Cola 的一縷毛留作紀念，把牠放在我內心最深處的記憶裡。

近年來，寵物後事處理方式愈來愈多元。有些飼主置辦寵物的後事，完全比照人類後事規格，不僅設有靈堂、燒紙錢「超渡」亡魂，還請法師主持頭七、二七、滿七法會，甚至也舉辦告別式，並購買塔位，將遺骸安放在狗狗專屬的靈骨塔中。

還有琳瑯滿目、無奇不有的狗狗後事處理方式，有飼主將愛犬製作成標本，放在家中一角，除了不會跑跳吼叫，幾乎與生前無異，有飼主將愛犬的骨灰，撒在庭院或陽台的盆栽中，讓牠「回歸大自然」，也有飼主將部分愛犬的骨灰，特委請專人，放進戒指中，與飼主常相左右。

其實，飼主如何處理愛犬後事，要花多少錢、多久時間，都是個人自由；如果飼主覺得心安理得，就不必理會他人的閒言閒語。不過，就像歐陽修所言：「祭而豐，不如養之薄」，與其在狗狗死後，飼主給予風光大葬，還不如在其生前善待之，更有價值、意義。

愛犬如同親人，愛犬過世如同親人過世，是飼主心中永遠的傷痛；飼主若持續養狗，就會持續遭遇愛犬離世的打擊。在此誠摯呼籲，如果自認無法承受狗狗老去、死亡的壓力，就不要貿然養狗，否則將追悔莫及。

例如，家中若已有高齡父母，若欲養狗，不久後就會面臨「上有老父、老母，下有老狗」的窘境，老父、老母需要照料，或協助就醫，老狗也需要，飼主形同蠟燭兩頭燒，時間、財務都將極度吃緊，天天處於高壓狀態，有時更疲於奔走於醫院與獸醫院間。如果飼主自身工作並不清閒，還育有幼齡子女，必定忙上加忙、不得喘息。

飼主善盡責任更快樂

養狗是一件快樂的事，但不是一件輕鬆的事，狗狗從生到老、病、死，與生活中的大大小小事項，都是飼主的責任，唯有善盡飼主的責任，快樂會更長久，更不易變質！

▶ 因為你們才有今天的我

BO0357

正確給愛，狗狗更好帶

作　　　者／謝佳蕙
文字整理／陳雅莉、高永謀
企劃選書／陳美靜
責任編輯／劉羽苓
版　　權／吳亭儀、顏慧儀
行銷業務／周佑潔、林秀津、林詩富、吳藝佳

總　編　輯／陳美靜
總　經　理／彭之琬
事業群總經理／黃淑貞
發　行　人／何飛鵬
法律顧問／台英國際商務法律事務所 羅明通律師
出　　版／商周出版
台北市南港區昆陽街 16 號 4 樓
電話：(02) 2500-7008　傳真：(02) 2500-7759
E-mail: bwp.service @ cite.com.tw
發　　行／英屬蓋曼群島商家庭傳媒股份有限公司　城邦分公司
台北市南港區昆陽街 16 號 8 樓
讀者服務專線：0800-020-299　24 小時傳真服務：(02) 2517-0999
讀者服務信箱 E-mail: cs@cite.com.tw
劃撥帳號：19833503　戶名：英屬蓋曼群島商家庭傳媒股份有限公司 城邦分公司
訂購服務／書虫股份有限公司客服專線：(02) 2500-7718；2500-7719
服務時間：週一至週五上午 09:30-12:00；下午 13:30-17:00
24 小時傳真專線：(02) 2500-1990；2500-1991
劃撥帳號：19863813　戶名：書虫股份有限公司
E-mail: service@readingclub.com.tw
香港發行所／城邦（香港）出版集團有限公司
香港九龍土瓜灣土瓜灣道 86 號順聯工業大廈 6 樓 A 室
E-mail: hkcite@biznetvigator.com
電話：(852) 2508-6231　傳真：(852) 2578-9337
馬新發行所／城邦（馬新）出版集團
Cite (M) Sdn. Bhd.
41, Jalan Radin Anum, Bandar Baru Sri Petaling, 57000 Kuala Lumpur, Malaysia.
電話：(603) 9056-3833　傳真：(603) 9057-6622　E-mail: services@cite.my
封面設計／黃宏穎
美術編輯／李京蓉
插畫設計／張芷瑄
印　　刷／鴻霖印刷傳媒股份有限公司
經　銷　商／聯合發行股份有限公司
新北市 231 新店區寶橋路 235 巷 6 弄 6 號 2 樓
電話：(02) 2917-8022　傳真：(02) 2911-0053

■2024 年 6 月 18 日初版 1 刷
■2024 年 7 月 12 日初版 2.1 刷
定價 450 元
ISBN: 978-626-390-153-7（紙本）　ISBN: 9786263901490（EPUB）

Printed in Taiwan

城邦讀書花園
www.cite.com.tw

國家圖書館出版品預行編目資料

正確給愛,狗狗更好帶/謝佳蕙著. -- 初版. -- 臺北市 : 商周出版 : 英屬蓋曼群島商家庭傳媒股份有限公司城邦分公司發行, 2024.06
256面 ; 14.8×21公分
ISBN 978-626-390-153-7(平裝)

1.CST: 犬 2.CST: 寵物飼養

437.354 113006578